艺术设计类专业应用型人才培养系列教材

中外建筑史

主　编　吕道远　邱　萌　肖添艺
副主编　郑自海　陶　杰

北京理工大学出版社
BEIJING INSTITUTE OF TECHNOLOGY PRESS

内 容 提 要

本书共十五章，包括中国建筑史和外国建筑史两部分内容。书中以简洁的文字和丰富的图片，将中外建筑的发展历史进行论述，并重点介绍了每个时期最具代表性的建筑大师和建筑实例。本书内容丰富、条理清晰，理论联系实际，可以让读者从宏观的角度把握中外建筑发展的脉络和风格特征。

本书可以作为艺术设计类和建筑类等相关专业的必修或选修课程教材，也可作为广大建筑爱好者的参考书。

版权专有 侵权必究

图书在版编目（CIP）数据

中外建筑史 / 吕道远，邱萌，肖添艺主编.—北京：北京理工大学出版社，2020.8
（2022.3重印）

ISBN 978-7-5682-8896-5

Ⅰ.①中…　Ⅱ.①吕…②邱…③肖…　Ⅲ.①建筑史—世界　Ⅳ.①TU-091

中国版本图书馆CIP数据核字（2020）第146576号

出版发行 / 北京理工大学出版社有限责任公司
社　　址 / 北京市海淀区中关村南大街5号
邮　　编 / 100081
电　　话 / （010）68914775（总编室）
　　　　　（010）82562903（教材售后服务热线）
　　　　　（010）68944723（其他图书服务热线）
网　　址 / http://www.bitpress.com.cn
经　　销 / 全国各地新华书店
印　　刷 / 河北鑫彩博图印刷有限公司
开　　本 / 787毫米×1092毫米　1/16
印　　张 / 11.5　　　　　　　　　　　　　　　责任编辑 / 陆世立
字　　数 / 257千字　　　　　　　　　　　　　文案编辑 / 赵　轩
版　　次 / 2020年8月第1版　2022年3月第2次印刷　责任校对 / 刘亚男
定　　价 / 36.00元　　　　　　　　　　　　　责任印制 / 李志强

图书出现印装质量问题，请拨打售后服务热线，本社负责调换

前言 Foreword

　　本书是专门为建筑设计、建筑学、建筑装饰、城市规划、环境设计等相关专业的"中外建筑史"课程编写的教材。本书在编写过程中紧密结合了一线教师的实际教学经验，充分考虑了建筑类专业和艺术设计类专业学生的特点，精心选取了中外建筑发展史中最典型的建筑作品进行举例，在内容上对理论叙述部分进行了必要的简化，着重突出了经典建筑实例的分析，最终结集成书。

　　本书共十五章，第一章至第八章为中国建筑史部分，主要阐述了中国建筑从原始社会到近现代时期的演变历程。通过对城市建筑、宫殿建筑、住宅建筑、宗教建筑和陵墓建筑等多个方面内容的介绍，努力呈现中国建筑在各个历史时期的发展面貌，让读者体会中国建筑的独特魅力；第九章至第十五章为外国建筑史部分，书中主要以古代埃及和两河流域的建筑作为西方建筑的发源地，聚焦欧洲及美国建筑思潮和建筑活动的史实，梳理上述国家和地区建筑的发展脉络，为读者展示精彩的西方建筑文化。本书在内容上力求行文简洁，围绕教学的实用性和可操作性进行了大胆取舍，以案例法为核心，以点带面，为学生掌握中外建筑史知识提供便利，为教师开展中外建筑史相关的教学活动打好基础。

　　本书的编写工作得到了武汉生物工程学院、湖北生物科技职业学院的领导和老师的大力支持。第二章至第四章由肖添艺编写，第五章至第六章由邱萌编写，第七章由郑自海编写，第八章由陶杰编写，第一章、第九章至第十五章由吕道远编写。全书由吕道远统稿。

由于编者水平有限，加上时间仓促以及其他原因，本书还存在许多不足之处，恳请广大读者批评指正。

编　者

目录 Contents

第一部分　中国建筑史

第一章　原始社会的建筑

第一节　原始人的居住模式

中国是世界四大文明古国之一，也是世界上历史最悠久、文化发展最早的国家之一。不同时期的各地考古发现表明，我国已知最早的人类住宅形式是距今50万年前北京猿人居住的天然洞穴。

总的来说，由于我国南北气候的差异，北方比较干旱，因此穴居现象比较普遍；南方相对潮湿，树木较多，因而巢居现象较多。

在我国古代文献中，曾记载了上古时期人类巢居的传说。如《韩非子·五蠹》中记载："上古之世，人民少而禽兽众，人民不胜禽兽虫蛇，有圣人作，构木为巢，以避群害，而民悦之，使王天下，号之曰：'有巢氏'。"与其有类似表述的还有《庄子·盗跖》中的记载："古者禽兽多而人民少，于是民皆巢居以避之，昼拾橡栗，暮栖木上，故命之曰有巢氏之民。"

从古人的著述中可以得知，住宅建筑是人类历史上最早的建筑类型。从旧石器时期的巢居、穴居开始，人类就进入了建造住宅的历史时期，而"巢""穴"也就成了人类建筑的雏形。

一、穴居

人类最早是寻找和利用天然的岩洞进行居住。这些岩洞的特点是靠近水源，洞口较高，洞内干燥，例如北京周口店龙骨山岩洞。

随着原始人数量的增加，氏族部落的扩大，寻找到适合居住的天然岩洞变得越来难。因此，在原始社会晚期，人们根据天然岩洞的形状开始自掘洞穴，形成了竖穴式居住方式。随着原始人建造住所经验的积累和技术的提高，穴居从竖穴式逐渐发展到了地上地下结合的半穴居形式，最后又从半穴居形式彻底走向了地面，最终形成了木骨泥墙式建筑。穴居的演变如图1-1所示。

今天，在山西、河南等地，依然有挖窑洞的居住形式，这正是原始社会的穴居形式在今天的传承和演变。

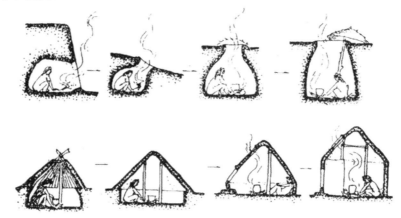

图1-1　穴居演变图

二、巢居

据《孟子·滕文公》"下者为巢，上者为营窟"的记载可以看出，除高地上的穴居形式外，在一些低矮潮湿且野兽虫蛇较多的地区，人们较多采用树上架巢的居住形式，即巢居。据考古学家推测，最开始人们只是在一棵大树上进行居住，后来发展成几棵树结合的居住形式，最后发展成为模仿巢居形式而建的干栏式建筑。巢居的演变如图1-2所示。

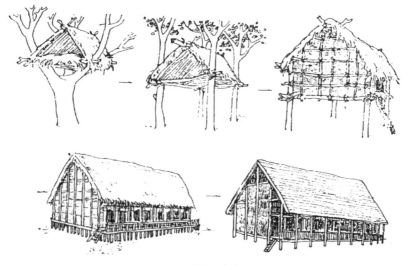

图1-2　巢居演变图

在今天的长江流域，如浙江余姚河姆渡村发现的距今六七千年的建筑遗址中发现有大量的木桩，这说明干栏式建筑是这一时期该地区的代表性建筑形式。

第二节　史前文化的建筑遗迹

一、仰韶文化建筑遗址

黄河流域拥有丰厚的黄土层，因而这一地区的人们逐渐从穴居形式发展为木骨泥墙建筑。

仰韶文化时期，由于人们过着定居生活，故出现了房屋和部落。其中最具代表性的遗迹是西安半坡村遗址。

仰韶文化时期房屋的平面有长方形和圆形两种形式。长方形房屋［图1-3（a）］一般为半地穴式，房屋中央用几根木柱支撑屋顶，屋顶铺上大量编织排列在一起的树枝作为骨架，上面再铺盖上树叶或草泥；圆形房屋［图1-3（b）］一般都是建在地面上的，屋顶做法与长方形房屋相同，屋内不再挖坑，墙壁用密集排列的木柱和树枝编扎而成，并涂以草泥，形成木骨泥墙。仰韶文化遗址中的建筑如图1-3所示。

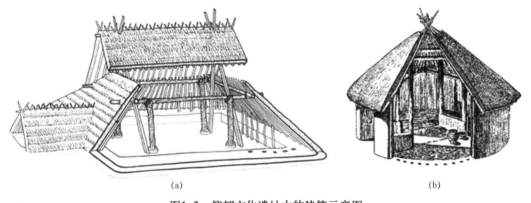

（a）　　　　　　　　　　　　　　　　（b）

图1-3　仰韶文化遗址中的建筑示意图

（a）长方形房屋；（b）圆形房屋

仰韶文化中的建筑遗址显示了早期人类营造人工建筑物的技术，表明人类已经初步具有空间组织的观念。这种采用木骨架和木骨泥墙的建筑方式是中国框架结构建筑的起源。正是这种原始的框架结构奠定了后来中国古代建筑的木构架传统，进而发展出来绚烂多彩的中国古建筑体系。

二、河姆渡文化建筑遗址

浙江余姚河姆渡村发现的建筑遗址是干栏式建筑的代表。该建筑遗址距今已有六七千年，在其木构件遗物中发现有柱、梁、枋、板等，且许多构件上都带有榫卯。其是我国已知最早采用榫卯技术建造木结构房屋的实例。

根据出土的工具来看，这些榫卯都是用石器进行加工的。干栏式建筑一般以竹木作为建筑材料，共两层。底层有由木柱构成且高出地面的底架，可隔离蛇、虫、洪水、湿气等；上层住人，屋顶为人字形，覆盖以树皮、茅草。这种因地制宜的建筑形式表现出了长江流域的下游地带在营造木结构建筑方面的高超技术水平。河姆渡文化遗址中的建筑如图1-4所示。

图1-4 河姆渡文化遗址中的建筑示意图

 **思考题**

1. 简述原始社会人类的居住形式。
2. 简述干栏式建筑的特点。

扫码查看更多图片

 **课后拓展**

如果你在我国长江以南的地区读大学，你所在的学校准备建造新的学生公寓项目，面对低楼层特别是一楼的学生宿舍易潮湿和易发霉等问题，你会对该新建项目提出哪些建议？

第二章 夏、商、周建筑

第一节 夏代建筑

一、发展概况

夏朝是中国历史上第一个奴隶制朝代，建于公元前21世纪。这个朝代本没有明确的文字记载，但根据已经发现的大量遗址可以证明这个朝代确实曾存在。

夏朝统治中心位于嵩山附近的豫西一带。当时的统治者禹率领百姓整治河道抗击洪水，挖掘沟洫灌溉农田，保障人民的生命得以延续、庄稼得以丰收。奴隶主阶级为加强统治，主持修建了沟池、城郭及宫室。夏朝宫室建筑中已经开始使用陶和青铜制品等人工材料，人们顺应自然且有规律地使用土地。夏朝后期，农业有显著发展，农作物的种类不仅有粟和黍，而且还有稻，以及少量的小麦和大豆，所以五谷在夏代就已经形成。一部分人脱离农业去从事手工业的制作和管理，形成了初级的社会分工（图2-1）。

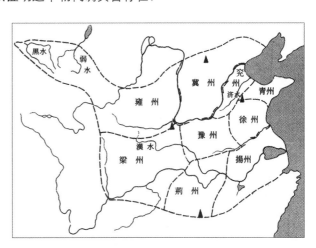

图2-1　禹贡九州图

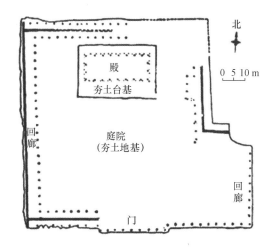

一号宫殿遗址平面

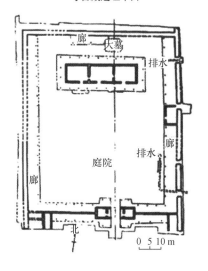

二号宫殿遗址平面

图2-2　偃师二里头宫殿遗址

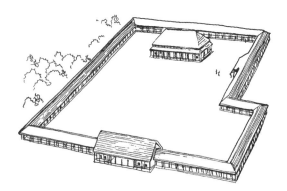

图2-3　偃师二里头一号宫殿复原图

二、河南偃师二里头遗址

出现在公元前1750年的河南偃师二里头宫殿遗址（图2-2），被认为是太康营建的国都斟寻，总面积将近9平方千米，属于夏朝中晚期的都城。其中一号宫殿遗址为一封闭廊院（图2-3），距今3 500～3 600年。院内的夯土台基残高约0.8米，东西约108米，南北约108米，夯土台上有一座八开间的殿堂，推测其建筑形制是木骨泥墙、"茅茨土阶""四阿重屋"的重檐庑殿样式。殿宇正门朝南且具备轴线意识，总建筑面积约350平方米，柱径达0.4米，每根檐柱前两侧留有的较小柱洞，是廊下支撑木地板的永定柱遗迹。另外，考古人员还在该遗址中发现大量刻有文字的陶器。这些陶文经考证，与今天贵州省荔波县少数民族水族（中国历史最悠久的少数民族之一）的文字极其相似，是解开夏王朝社会结构及礼制的重要线索。2004年，考古学家在原有的二号宫殿基址下面发掘出了一座时代更早、规模更大、结构更为复杂的大型建筑基址，从此将中国宫城最早年代提前了一百多年。经测量，其夯土基址约合土立方两万立方米，依据当时所用的木石工具，合计挖土运土夯筑等工序，总用工不下八万，整个宫殿的主体宫城建造落成最少需要三至四年。

方正规矩的宫城和具有中轴线规划的建筑基址群开辟了中国古代都城规划制度的先河。无论是在西安的汉唐都城宫殿遗址，还是迄今保留的最为完整的北京故宫，我们都能发现与二里头宫殿相似的宫殿建筑机制。几千年来它影响着每一代中国人对建筑的审美与要求。

一、发展概况

据考证，始于公元前16世纪的商代是我国奴隶制社会的大发展时期。其统治以河南中部及北部的黄河两岸一带为中心，东至大海，西至陕西。考古发现，记载当时史实的甲骨卜辞有10余万片。考古过程中发现了大量用于祭祀、生活、兵器和生产的青铜器，反映出当时的青铜铸造已达到一定水平，且手工业分工明确。

二、郑州商城遗址

商代前期的城址现今已发现了多座，其中郑州商城被部分学者认为是仲丁时的隞都（也有考古学家认为这是商初成汤的都城——亳），图2-4所示，城墙遗址周围7千米，总面积25平方千米。城内中部偏北高地上有大面积的夯土台基，考古推测为宫殿、宗庙遗址。城外散布着制造陶器、骨器、冶铜、酿酒等作坊及部分奴隶居住的半穴居窝棚。

图2-4 郑州商城遗址

三、武汉盘龙城遗址

1983年，在偃师二里头遗址以东五、六千米处的尸沟乡发现了另一座距今约3 500年的早商城址。其是长江中游地区首次发现的商代早期城市遗址，比西安年长400岁。该遗址位于今湖北武汉黄陂县盘龙城，被誉为武汉城市之根。该遗址的前朝后寝式格局开启了宫城建筑之先河，宫城位于内城的南北轴线上，地面残垣约75 400平方米，外城则是后来扩建的，内外双城垣约为640 000平方米。宫城中已发掘的宫殿遗址均是庭院式建筑，主殿长90米，城内东北隅有大面积的夯土台基，上列三座平行布置的建筑，是迄今所知最宏大的早商单体建筑遗址。盘龙城的地理位置得天独厚，与矿产丰富的鄂东南大冶铜绿山和阳新铜铅矿隔江相望，又与赣北瑞昌及皖南铜陵等富矿地沿江相邻，这是商王在此建城的重要原因，同时此地也便于商王获取南方资源控制都邑。图2-5为湖北黄陂盘龙城商朝宫殿遗址。

约公元前17世纪的夏代晚期，盘龙城第一批先民在王家嘴定居。他们在这里开荒拓土、繁衍生息，聚落范围不断扩大。至公元前16世纪的夏商之际，已形成以王家嘴、李家嘴、杨家嘴、杨家湾为边线的聚落范围，规模相当可观。公元前16世纪，商王成汤南征江汉，盘龙城被纳入商王朝势力范围。盘龙城先民在王家嘴北部区域修筑了城垣与宫殿。随着经济发展，人口迅速增长，城邑不断扩大。公元前14世纪，城邑范围已从杨家湾向外扩展到艾家嘴、江家湾一带，呈现出一派繁荣景象。繁盛阶段的盘龙城，有着众多不同规模的房址和不同等级的墓葬，显现出复杂的社会层级。城址、大型宫殿建筑、李家嘴高等级墓葬和大量高品质随葬品，折射出盘龙城作为南方政治、军事中心城邑的地位，反映了盘龙城先民对资源和社会财富的高度管控能力。

四、安阳小屯村殷墟宫殿遗址

晚商都城殷墟宫殿遗址是中国历史上第一个有文献可考，并为考古学和甲骨所证实的都城遗址，是20世纪十大考古发现之一。该遗址占地约30平方千米，是商朝的政治经济和军事文化中心，如图2-6所示。

安阳小屯村殷墟宫殿遗址分为北、中、南三区，西、南两面有壕沟作防御。北区（甲区）残存15处基址，呈东西向平行分布。基址下无人畜葬坑，推测是王室居住区；中区（乙区）基址作庭院布置，轴线上有门址三进，轴线最后有一座中心建筑，基础下有人畜葬坑，门址下则有持戈、持盾的跪葬侍卫五六人，推测这里是商王朝庭、宗庙部分；南区（丙区）规模较小，建造年代较晚，作轴线对称布置，殉葬人埋于西侧房基之下，殉葬牲畜埋于东侧，推测是王室的祭祀场所。中区、南区房基下有殉葬人，推测是祭祀或房屋奠基时的杀殉奴隶，最多的一座有31人，反映了奴隶主的残暴。遗址中部靠近洹水曲折处为宫殿，受洹水冲蚀，遗址已不完整，宫殿区宫室周围的奴隶住房仍是长方形与圆形的穴居建筑。其中，宫殿区穿插作坊和墓葬遗址，居民区散布在西南、东南及洹水以东的地段，墓葬区夹杂着居住和作坊遗址。没有严格的分区可以证明殷墟的宫室是陆续建造的。同时，多座单体建筑沿着与子午线大体一致的纵轴线方向排列，形成了依据主从关系组合成的较大建筑群。中国封建时代宫室常用的朝、寝、祭祀建筑按南北顺序排列和纵深的对称式布局方法，在奴隶制的商朝后期宫室中已相当成熟了。

图2-5　湖北黄陂盘龙城商朝宫殿遗址　　　　　图2-6　河南安阳小屯村殷墟宫殿遗址

第三节 **周代建筑**

　　周族原来生活在陕西西部的周原及甘肃一带，农业发展水平较商朝高，但手工业发展水平较低。后来，周族沿渭河向东发展，政治、军事势力到达长江流域，同时在经济文化上与商产生了联系。公元前11世纪周灭商，建立了西周，这是我国历史上大范围的文化融合时期，对建筑的发展起到了一定的促进作用。周朝的疆域西至甘肃，东北至辽宁，东至山东，南至长江以南，远大于商朝。周初由于政治斗争的需要，都城从丰京迁到镐京，同时建立东都洛邑，加强了对东方的控制。

一、西周时期建筑

　　西周时期，以宗法分封制度为基础，建立起了严格的等级制度，具体到城市规模与建筑形制均有详尽的记载。《周礼·考工记·匠人营国》："匠人营国，方九里，旁三门，国中九经九纬，经涂九轨，左祖右社，面朝后市，市朝一夫。"西周时期的城墙、道路、各式重要建筑都必须按照等级来建造，王城位于城中心，城市总体规划井井有条，如图2-7所示。

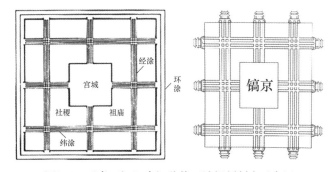

图2-7 《考工记》中记载的王城规划制度示意图

　　西周都城丰、镐、洛邑的遗址已无存，代表性建筑遗址之一是陕西岐山凤雏村的早周遗址。根据西厢出土的筮卜甲骨17 000片，推测此处是一座宗庙遗址。该遗址是一座严整的四合院式二进院落，院落四周有檐廊环绕。中轴线上依次排列为影壁、大门、前堂、后室，前堂与后室由廊连接。门、堂、室两侧的厢房将庭院围成封闭空间。基址下设有排水陶管和卵石叠筑的暗沟，以排除院内雨水。当时已出现板瓦、筒瓦、人字形断面的脊瓦和圆柱形瓦钉。至西周中期，瓦的使用日渐增多，质量也有所提高，出现了半瓦当。在凤雏的建筑遗址中还发现了在夯土墙或坯墙上用的三合土（石灰+细砂+黄土）抹面，表面平整光洁。岐山宫殿平面布局及空间组合的本质与后世两千多年封建社会北方流行的四合院建筑基本一致。这一方面证明了我国文化传统之悠久，另一方面也说明了当时封建主义已经萌芽。陕西岐山凤雏村西周建筑遗址复原图如图2-8所示。

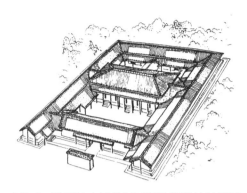

图2-8　陕西岐山凤雏村西周建筑遗址复原图

图2-9　陕西省秦雍城遗址中出土的瓦当

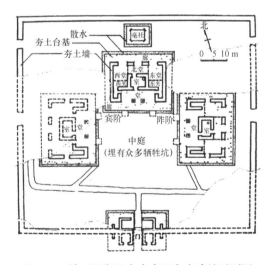

图2-10　陕西凤翔马家庄秦国宗庙遗址平面图

二、春秋时期建筑

统一了三百余年的周朝开始出现阶级矛盾尖锐、国内动乱和异族侵扰的局面，转而迁都洛邑，史称东周。东周分为春秋（公元前770—公元前476年）与战国（公元前475年—公元前211年）两个阶段。东周是中国的社会制度由奴隶社会向封建社会转变的时期，铁器和耕牛的使用促使农业和封建生产关系发生变化，社会生产力水平得到提高，贵族们的私田大量出现，奴隶社会的井田制日益瓦解，手工业、商业和建筑业也相继得到发展。公输般（鲁班）就是春秋时期著名的匠师。春秋时期，建筑业的重要发展是瓦的普遍使用和高台建筑（或称台榭）的出现。从多处遗址中发现了大量板瓦、筒瓦以及一部分半瓦当和全瓦当。在凤翔秦雍城遗址中，还出土了36厘米×14厘米×6厘米的砖以及质地坚硬、表面有花纹的空心砖（均属青灰色砖），如图2-9所示。

近年对春秋时期秦都雍城（位于今陕西凤翔县南郊）的考古工作又取得了进展。该遗址平面呈不规则方形，每边约长3 200米，宫殿与宗庙位于城中偏西。其中一座宗庙遗址是由门、堂组成的四合院（图2-10），其中庭地面下有许多密集排列的牺牲坑，是祭祀性建筑的识别标志。秦公的陵墓则分布在雍城南郊，经三次考古发掘，最新统计已钻探发现了14个陵园（图2-11）。陵园不用围墙而用隍壕作防卫（城堑有水称为池，无水称为隍），这可以说是秦陵的一种特色。其位于陕西临潼骊山西麓，秦都东迁后战国时期诸秦公（王）的陵墓区与此相类似，通常称为秦东陵（秦始皇的陵墓则在骊山北麓）。

春秋时期筑城活动频繁，技术上形成了完备的体系。色彩在建筑上的运用具有严格的等级划分，如木构设色规定"天子丹，诸侯黝垩，大夫苍士黈黄色也"。建筑雕饰上出现了木雕、石雕，建筑多施彩画。《论语》描述的"山节藻棁"（斗上画山，梁上短柱画藻文）以及《左传》记载鲁庄公"丹楹"（红柱）、"刻桷"（刻椽）就是例证。此外还发现了金釭的使用，金釭盛行于春秋战国时期，目前所见的金釭以秦雍城遗址出土的最为完整与典型。《广雅·释器》载："凡铁之中空受纳者，谓之釭。"对照实物可知该构件一般为一字或曲尺形，内部为中空框架。釭在西周时曾是加固木构节点的构件，发展至春秋时期已蜕变为壁柱、门窗上的装饰品。早期金釭可能仅为素面形式，但后期其装饰性日益增强，除表面密布纹饰之外，其边缘还被巧妙地制成了锯齿状，如图2-12所示。

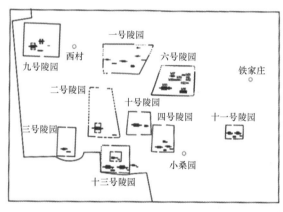

图2-11 陕西凤翔秦国陵园区平面图

图2-12 春秋时期建筑构件青铜釭

三、战国时期建筑

春秋时期社会生产力发展所引起的变革导致战国时期地主阶级在许多诸侯国内相继夺取政权，宣告了奴隶制时代的结束。国家由春秋时的140多个诸侯国，变成了战国时的7个大国，史称战国七雄。这一时期涌现出了多个大城市，兴建了大规模的高台建筑。

春秋时期以前，城市仅作为奴隶主诸侯的统治据点而存在，手工业主要为奴隶主贵族服务，商业不发达，城市规模较小。战国时工商业得到了发展，城市繁荣，规模日益扩大，出现了城市建设的高潮，如齐的临淄、赵的邯郸、楚的鄢郢、魏的大梁。据记载，当时临淄居民达到7万户，街道纵横，车轴相击，摩肩接踵，热闹非凡。城市南北长约5千米，东西宽约4千米，城内散布着冶铁、铸铁、制骨等作坊。山东临淄齐故都遗址如

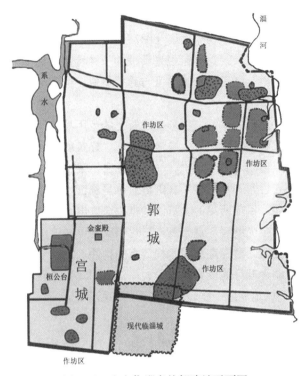

图2-13 山东临淄齐故都遗址平面图

图2-13所示。

战国时另一大城市是燕国的下都（在今河北易县），位于易水之滨，城址由东西两部分组成，南北长约4千米，东西宽约8千米，东部城内有大小土台50余处，为宫室与陵墓区。西部似经扩建而成。赵国的都城邯郸，布局与齐临淄相似，工商业区在大城中，宫城在大城西南角，大城南北长约4.5千米，东西宽约3千米，较齐临淄与燕下都略小，另宫城内残存高台十余座。这些遗址均足以说明战国时高台建筑之盛行。

此时期各式各样的砖瓦以及装饰图案开始出现，斧、锯、凿、锥在建筑上的应用提高了构筑质量，加快了施工进程。值得注意的是，在墓室中开始使用长约1米，宽约30～40厘米的大块空心砖作墓壁与墓底，可见当时制砖技术已达到相当高的水平。但部分统治阶级仍使用木材作墓室（木椁），如河南及长沙等战国墓葬遗址中，就用厚木板组成内外数层棺椁，外填白土、沙土、木炭等构成防水层，有的还在墓底设置排水管，使棺椁及殉葬物得以长期保存。这些棺椁的榫卯制作精确，形式多样，反映了当时的木制技术水平，如图2-14所示。

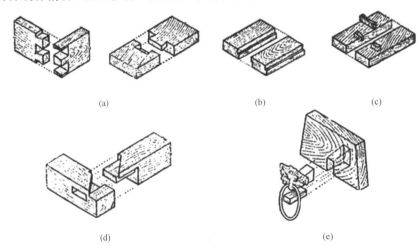

图2-14 战国木结构榫卯示意图

（a）燕尾榫—湖南长沙出土木椁；（b）搭边榫—湖南长沙出土木椁；（c）细腰底榫—河南信阳出土木椁；
（d）割肩透榫—湖南长沙出土木椁；（e）勾挂垫榫—河南辉县出土木椁

思考题

1. 简述春秋时期筑城的方法。
2. 举例说明战国时期宫殿建筑的特点。

课后拓展

现代夯土建造技术在建筑设计中有哪些运用？

扫码查看更多图片

第三章　秦汉建筑

第一节　秦代建筑

　　战国时期，诸侯王为求发展进一步加快了革新的步伐，在此期间秦国通过商鞅变法一跃成为强国，历经十年战争终灭六国实现大一统，于公元前221年建立了我国历史上第一个中央集权制的封建国家。秦统一后，举全国之力，结合六国的技术成就，在咸阳修筑都城、宫殿和陵墓。

一、宫殿建筑

　　秦始皇好大喜功，因此在建筑上颇有作为。在征战诸国的过程中秦吸收各类建筑风格与技术经验，在统一后建造了众多宫室，使咸阳城形成"自雍门以东至泾渭，殿屋复道周阁相属"的局面。这一时期的宫殿建筑追求穷奢极欲的享乐与壮丽庄严，以彰显至高无上的皇权。其建筑规模空前庞大，诸座离宫别馆依山傍水连绵百里。

　　秦朝宫室营建以咸阳城为代表，其繁盛程度为历代所罕见。咸阳城始建于秦孝公时期，至始皇帝时在渭水南岸建造了以咸阳宫为代表的大批宫室，咸阳城由此步入极盛时期。根据勘测可知，咸阳城面积约为45平方千米，布局与殷墟类似。城内的宫城城垣为东西向矩形，宫城遗址内发掘出了八处高台基址，残高最高者可达六米。基址中以一号宫殿遗址保存得最为完好，推测为文献记载的西阙，其与东阙之间以走廊相连。此遗址为一座二层建筑，台基约五米，各层建筑均倚夯土台而建，排列整齐，秩序分明，其复原图如图3-1所示。

　　阿房宫是秦代宫室建筑的巅峰作品，但工程持续时间很短，大部分宫室尚未建成。目前学界仅对其前殿遗址有较多了解。从文献记载看，阿房宫的设计规模非常宏大，前殿的具体尺寸《关中记》载："阿房宫殿东西千步，南北三百步……"《史记·秦始皇本纪》载："上可以座万人，下可立五丈旗。"阿房宫前殿的夯土台基东西向残长为1 200米，南北向残长为450米，与《关中记》所载颇为吻合，其残高最高处为7～8米，依"下可立五丈旗"推测，建筑完成时总高应接近12米。图3-2所示为阿房宫铺地砖。

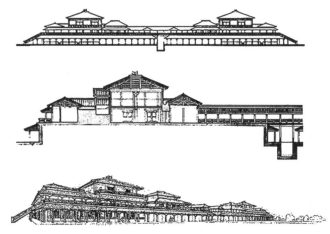

图3-1　秦咸阳城一号宫殿遗址复原图　　　　　图3-2　阿房宫铺地砖

二、秦始皇陵

秦国早期的陵区位于陕西凤翔县，陵上不置封土，墓葬主轴均为东西向。秦孝公迁都咸阳后在城东设置陵区，此时陵墓形制与各诸侯国已基本趋同，均为土圹木椁带墓道，上置封土。秦始皇陵又名骊山，位于陕西临潼骊山北麓，总面积约2平方千米。其南北向矩形，现存坡体为三层方锥形夯土台，最下层为0.1平方千米，三层总高为46米，是中国古代最大的一座人工坟丘，但由于风雨侵蚀，其轮廓已不甚明显。环绕陵墓内外有两重城垣，正门位于东侧，内垣偏西有寝殿等建筑。地宫尚未发掘，墓室具体构造尚不可知，但依据当时的技术水平推测，应仍以木结构为主。秦始皇陵遗址如图3-3所示。

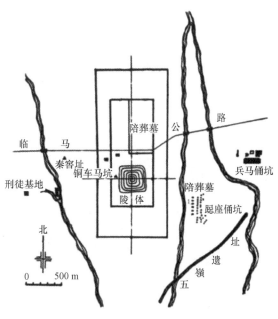

图3-3　秦始皇陵遗址平面图

20世纪70年代在陵区东侧发掘出大面积的兵马俑坑，内垣附近有铜车马坑、珍禽异兽坑等。坑内出土的大批陶俑与车马展示出秦代的军事制度，同时也体现了当时高超的艺术水平。据《史记》记载，陵内以"水银为百川江河大海…上具天文，下具地理"，虽未经考古发掘证实，但类似做法在五代南唐陵墓中可以看到，在汉、唐、宋墓中也可看到墓室顶部绘有天文图像。陵东1.5千米处发现的秦兵马俑和铜马车，史书上对此并无记载。兵马俑估算有陶俑、陶马七八千件，至今只完成了部分发掘。陶俑队伍由将军、士兵、战马、战车组成三十八路纵队，面向东方。兵马的尺寸接近真人真马，兵俑所持青铜武器保存完好且锋利。后期发现的铜马车尺度略小。秦始皇开创了中国封建社会帝王埋葬规制和陵园布局的先例，一方面，始皇陵集早期陵制特征于一身，秦人的尚西习俗、六国诸侯的高台封土、高大墙垣等均被采纳；另一方面，它开创了以覆斗型封土为核心、中轴十字对称的新型陵区布置手法，对后世影响深远。秦始皇陵出土的兵马俑坑如图3-4所示。

三、秦长城

长城是古代中原王朝防御北方骑兵民族入侵的重要军事设施，源于战国时期诸侯之间相互攻战自卫。其为地处北方的秦、赵、燕三国在北部连绵不断的群山上修筑起的城墙。秦帝国建立以后，为了防御匈奴入侵，耗费30万人力修筑了十多年，把北部的长城连为一体，修筑成坚固的防御线。秦长城西起甘肃临洮（岷县），沿着黄河到内蒙古临河，北登阴山，南下西雁门关、代县、蔚县，接燕国长城后，经张家口再经燕山、玉田、锦州，东至辽宁遂城。其总长5 000多千米，称万里长城。秦长城所经之地穿越黄土高原、沙漠地带、高山峻岭及河流溪谷，因而工程采用因地制宜、就地取材的方法。黄土高原处用土版筑，无土处便垒筑石墙，山岩溪谷处则用木石建筑等。例如，内蒙古赤峰市的一段长城便是用石块砌成，底宽为6米，残高为2米，顶宽为2米。秦时所筑长城后历经汉、北魏、北齐、隋、金等各朝修葺与扩建，至今仍存有一部分遗址，今天所留砖筑长城系明代遗物。秦长城如图3-5所示。

图3-4　秦始皇陵出土的兵马俑坑

图3-5　秦长城示意图

第二节　汉代建筑

公元前206年西汉政权建立，初期经济水平的提高使得汉代疆域大出秦朝一倍。同时，汉代大力开辟中西贸易往来和文化交流的通道。汉代处于封建社会的上升时期，经济的发展促进了城市的繁荣和建筑技术的日趋成熟，包括木构、砖石建筑和拱券结构的发展。

一、西汉长安城

秦以前，西周曾在长安一带建立都城"丰"与"镐"。秦孝公十二年（公元前350年），秦由栎阳迁都于此，此后的143年间咸阳始终是秦国的都城。到公元前221年秦始皇统一全国后，又在咸阳大肆扩建，除渭北原有的咸阳宫外，又把六国的宫殿写仿于渭水北岸的高地上，在渭水之南的上林苑中，建造了宗庙、兴乐宫、信宫、甘泉前殿、阿房宫等。

长安是西汉的首都，是政治、经济、文化的中心，是商周以来规模最大的城市（图3-6）。西汉初年，刘邦迁都关中，暂居秦故都栎阳。随后改造秦兴乐宫为临时皇宫，更名为长乐宫。同时，在秦章台的基础上修建未央宫作为正式皇宫。贵族的宅第大多设在皇宫附近，百姓的闾里位于长安城东北部。汉惠帝刘盈即位后，开始修筑长安城城墙及东市、西市、北宫、社稷、宗庙等重要建筑，使得长安城初具规模。

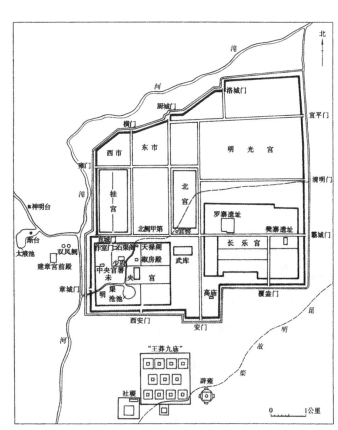

图3-6　西汉都城长安平面示意图

西汉中期，汉武帝在长安城内大兴土木，修筑了桂宫和明光宫，在城外西面的上林苑内营筑了建章宫，在都城西南郊开凿了昆明湖，扩建了皇室避暑胜地——甘泉宫。汉长安城的建设此时达到了顶峰。西汉末年，王莽政权在都城南郊修筑了礼制建筑群，包括明堂、辟雍和宗庙，并扩建了太学，其遗址建筑复原后如图3-7所示。

长安城平面近似方形，城内面积为34.4平方千米。城的北面靠近渭水，主要宫殿未央宫偏于西南侧，正门向

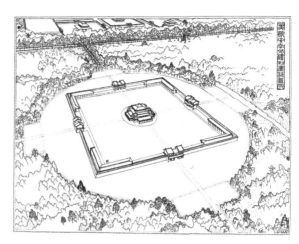

图3-7 王莽政权的九庙遗址建筑复原图

北直对横门、横桥，形成轴线，各宫分列于安门大街两侧，呈对称布局，大街东西两侧分布着9个市。其中，位于长安城西北面的东西二市极为繁荣。东部多为贵族住宅，西部则靠近渭河桥，交通便利，商贾云集。东市主要为商业区，西市分布有大量官办手工业作坊。出土的画像砖能够反映出长安城内市场的格局，如图3-8所示。这种市场格局一直延续到宋代早期。从四川出土的东汉墓画像砖上也能看到二层楼和市井交易形象，如图3-9所示。古代封闭市场内均有官员负责管理市场的正常运转，乃至平抑物价。长安城的街道有"八街""九陌"的记载，经考古探明，通向城门的八条主干道即"八街"，这些大街被分成三股道，用排水沟分隔开来，中间一道是皇帝专用的御道——驰道。

汉长安城的另一个特点是在东南与北面郊区设置了7座城市——陵邑（长陵、安陵、霸陵、阳陵、茂陵、平陵、杜陵），这些陵邑均强制迁移各地的富豪过来居住，这么做的好处在于不仅能够削弱地方豪强势力，同时也加强了中央集权制，减轻了长安人口压力，发展了长安周边经济。陵邑的富户常勾结地方官吏，囤积居奇、飞扬跋扈，他们的子弟被称为"五陵少年"。邑陵的规模相当大，如长陵（汉高祖陵邑）有5万户，茂陵（汉武帝陵邑）有6万户（一说为27万口）。而汉平帝时长安城人口也只有8万户。因此，这一组以长安为中心的城市群总人口数当不下100万。

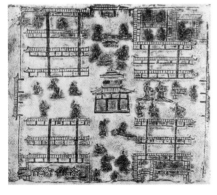

图3-8 画像砖上的长安城内的市场

图3-9 四川东汉墓画像砖市井图

二、陵墓建筑

西汉的十一个皇帝陵均设置在长安城周边，大部分在咸阳以西渭水北坂上，少数位于渭水南岸。陵墓地上部分形制与秦始皇陵相似，为方形截锥体土阜而截去其上部，称为"方上"，最大的方上约高20米。

汉武帝在位53年，营陵时间最长，死时陵区树已成荫。地面部分现存有方上、四面门阙与周垣的残迹。陵东侧为大将军霍去病墓，该墓仅存方上与陵前10余件动物雕塑，雕刻手法古拙，是中国早期石刻艺术佳作。其中，最为人们熟知的是"马踏匈奴"石雕。

汉宣帝的杜陵因位于秦汉时期的"杜县"以东而得名，杜县即造陵时修建的杜陵邑。杜陵仿宫殿的形式营建，"覆斗"式封土高29米，无建筑遗迹，底和顶分别为边长172米与50米的方形。经探测，陵园为边长433米的方形，帝陵位于陵园东南，包括寝殿和便殿。寝殿为主体，"便殿，寝侧之别殿"（《汉书·韦贤传》）。陵园四面各辟一大小、形制基本相同的门，正对陵墓四面的墓道。门址面阔为82～84米，进深为20～22米，时称"司马门"或"石阙"。

石阙，相传是"阴间"的望楼，用来登高望远。石阙的形制和雕刻以四川雅安高颐阙（图3-10）保存最为完好，是汉墓中的经典作品。该石阙建于东汉，左右两座对称布置，形成墓道中轴线。整体为仿木建筑形态，主阙顶上雕刻石质木构屋脊和重檐屋顶，下方有石浮雕斗栱等作装饰。石阙造型比例匀称、形态稳定、细节繁简得体。

图3-10　四川雅安高颐阙

在建筑材料和技术方面，汉朝在制砖技术及拱券方面有了巨大进步，出现了大块空心砖、精美的成套画像砖、特制的楔形砖及企口砖，砖表面压印各种花纹。以木结构为主要结构方式的中国建筑体系发展到汉代已日趋完善，叠梁式和穿斗式都已发展成熟，而作为我国木结构建筑显著特点之一的斗拱在东汉已普遍使用。

三、汉代住宅

人类由最初的居无定所，到为得到固定食物及耕种收获需要更长的时间，而开始形成相对稳定的居民点，其间经历了旧石器与新石器时期。人类的第一次劳动大分工是农业的产生带来了聚落；第二次劳动大分工是商业手工业脱离农业，促使聚落分化成以农业为主的乡村和以商业手工业为主的城市。这标志着原始社会向奴隶制社会的过渡。随后在不同的生活方式和生活环境的影响下，城市达官贵人与乡村乡绅庶民的住宅各自形成了独立的面貌。城市住宅随着政治经济文化的发展具有相对明确的形制演变特点，而乡村住宅更多的是在技术上的革新。此外，多次的民族大融合使得二者互为影响、交流频繁。同时，乡村因中国古代农业社会发展的延续性而一直保留着早期聚落的两大特性：一是以适应地缘展开生活方式的汉族以农业活动为主；二是以家族血缘关系为生存纽带的氏族生活。

汉代住宅形制之一是继承传统的庭院式（《仪礼》记载，春秋时期士大夫住宅由庭院组成），根据墓葬出土的画像石、画像砖、明器陶屋等实物可知，较小规模的住宅有三合院、L形住房及围墙形成的"口""日"字形院，如图3-11所示。中等规模的住宅如四川成都出土的画像砖，门、堂、院两重构成住宅的主要部分，望楼为附属建筑。此类建筑形式均由庭院发展而来，多向前后和两侧进行拓展。汉代住宅的另一种形制为坞壁，即平地建坞。四面围墙、前后开门，围墙内建望楼、四隅上建角楼，如城制。坞主多为地方豪强，需借助坞壁巩固防御体系。图3-12所示为汉墓出土的陶坞壁。

L形住宅和围墙形成的"口"字形

三合院

日字院

图3-11 汉墓出土的陶屋形明器

图3-12 汉墓出土的陶坞壁

四、佛教建筑——洛阳白马寺

佛教起源于公元前6至前5世纪的古印度，创始人释迦牟尼生于古印度迦毗罗卫国，佛陀涅槃之后，他的弟子根据他在世时的言教，结集成佛教典籍——佛经。从公元前260年开始，佛经由天竺僧人带入西域，并在那里绚丽绽放。随着西汉丝绸之路的繁荣，佛教也一路东行，渐渐延伸到中原地区。到了东汉初年，汉明帝派遣使节从西域请来了两位天竺高僧，他们用白马千里迢迢驮来了佛像佛经，虔诚的汉明帝下令仿造印

图3-13 洛阳白马寺

度式样在洛阳城建寺，迎请天竺高僧入住。为纪念白马驮经的功劳，将寺院命名为白马寺（图3-13）。因此，河洛之滨的天子脚下，诞生了中国最早的佛寺。

从文化景观的角度来说，佛寺作为荟萃建筑、雕塑、绘画、书法的综合艺术馆，既是古代文化活动中心之一，也是人们休憩游览之胜地。它给人们带来了美的享受、艺术的熏陶、神奇的联想，也为诗人和艺术家提供了创作的灵感。另外，佛教寺院还和农业生产、商业经济及社会福利事业相联系，具有多种社会功能。

 **思 考 题**

1. 简述秦始皇陵的建设特点。
2. 简述汉长安宫殿的建设成就。

 **课后拓展**

分析汉画像砖在建筑装饰中的作用。

扫码查看更多图片

第四章 三国两晋南北朝建筑

第一节 都城与宫殿

公元220年，黄巾起义结束了汉的统一，整个中原大地进入了分裂的局面，一直延续到南北朝结束（公元589年）。近400年间，诸侯割据，部分城市发展滞后，农民失去土地，经济发展相对缓慢。与此同时，缺乏统一思想的控制带来了自由意志的大发展，玄学、老庄、清谈之风盛行，返璞归真成为主流。这样一个浪漫而充满想象力的时代，对建筑的发展产生了深刻影响，并赋予建筑独特的精神。其整体沿袭和继承了汉时期的建筑成就，出现了中国历史上第一次民族大融合，使佛教建筑兴起，出现了寺院、石窟、佛塔等。

三国时期，魏建都洛阳；汉建都益州（成都）；吴建都建邺（南京）。各国都注重发展本地经济，与民休息，使城市得到了发展。西晋建都洛阳实现短暂统一之后出现"八王之乱"及北方匈奴、羯等民族入侵中原，中原陷入割据与混乱。而后东晋建都建康（建邺），政权偏安于江南，使江南得到发展，并带动周边地区如京口、山阴、襄阳等城市的崛起及经济重心转移。中原地区的长安—洛阳一线，曾是全国城市体系的轴心地带，因在三国至南北朝时期成为军事争夺的主战场而受创严重，造成大量人口逃亡，城市衰落。北魏统一后，定都平城（山西大同），后迁都洛阳，使洛阳迅速发展起来。南北朝时期，北方的少数民族和中原民众纷纷南迁，形成了中华民族的大融合，佛教建筑一度成为城市的标志。此时的江淮流域、长江流域及闽粤一带人口增加，城市规模扩大，成为经济、文化中心。

这一时期建筑发展的主要成就有：

（1）城市规划思想的发展与成熟，以宫城为中心，用中轴线组织城市结构，分区布局、择中立国；

（2）建筑形制区域丰富；

（3）结构技术得到发展与完善；

1）木结构，基本形式的定型化，三角形屋架的发展，材份概念的发展；

2）砖石结构、比例规制定型化，拱券技术成熟，高层砖结构技术得到发展；

（4）建筑设计与施工技术的发展，比例尺在设计中的应用，屋顶形式的多样化，脚手架等施工工具的进步；

（5）建筑艺术与装饰，石雕（墓门）、砖雕（柱础）、木雕、彩画、金属饰物、藻井、屋顶装饰、琉璃的广泛应用。

秦汉建筑有形，这一时期有神，为隋唐时期建筑的发展创造了基础和条件。

一、邺城

东汉末年，军阀混战，长安、洛阳先后被毁，曹操实行"唯才是举""以法治军"的政策，让政治、军事力量都得到了加强。为巩固统治建立了新都邺城。邺城位于今河北省临漳县西南12.5公里，城市的规模为"东西七里，南北五里"，除城西北角的铜雀台、金虎台尚存外，大部分城址均被毁。图4-1所示为曹魏邺城平面图。

邺城平面呈矩形，城南有三座城门，城北有两座城门，城的东、西各有一座城门；城市中偏北有一条东西走向的干道，将城市

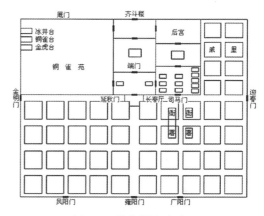

图4-1　曹魏邺城平面图

分为南北两部分，干道南面为一般居住区，划分为若干闾里，城中有三个市和手工作坊。北部为宫城，大殿位于城市中轴线正中，宫内主要建筑有文昌殿（用于大朝，朝会群臣，宴享宾客，举行国家大典）和听政殿（用于日朝，处理日常政务）。听政殿以北是后宫，中央官署向宫前集中；宫城东部为曹操起居及办公的场所，采用前朝后寝的格局；戚里为王室贵族居住区，铜雀苑用于皇室日常游憩；此外，玄武苑位于城西北，苑中有可载舟师的玄武池及鱼梁、钓台、竹园、葡萄园等。邺城建于三国战乱年代，因而对城防非常重视。除筑有城垣，并利用天然水道构成城壕外，还在铜雀苑西北构筑了著名的"三台"，即水井台、铜雀台、金虎台。三台集堡垒、仓库、台榭于一身，十分坚固。台中设武库，宿以禁兵，严守都城和宫殿。

邺城取消了宫后设市的做法，开始实行里坊制，将市设置在有客馆、都亭、都道等居民聚居地以便于交易。同时，对宫廷及附属用地与闾里及市进行严格分区，园苑与宫室毗邻布局，集中布置官署以突出宫城的中心位置，强化中轴线，且讲究风水。邺城的布局改变了汉代宫室与坊里相参或为坊所包围的都城格局，开创了南北朝至隋唐都城布局的先例。其在中国都城发展史上具有深远而重要的意义。

二、洛阳城

西晋永嘉五年（公元311年）匈奴入侵，将洛阳城化为灰烬。南北朝时，北魏统一了中国北方。继营建平城（山西大同）之后，孝文帝于太和十九年（公元495年）从平城迁都洛阳，以废弃183年之久的旧城为基础，在城市形制和布局上做了大量改革，经多年经营，使洛阳重新成为繁华的都城，对后世都城规划颇有影响。北魏洛阳新城如图4-2所示。

图4-2　北魏洛阳新城平面图

洛阳新城废除了东汉以来的南北两宫制，建立了集中的宫城。宫城规模庞大，占地约为全城的十分之一。其他各区以宫城为中心，由内向外依次部署。因宣阳门位置的特殊而将宫城设置偏西，延伸南北主干道铜驼街直抵南郊圜丘作为新的中轴线，轴线两侧设置官署、太庙、社稷坛和灵太后所营建的永宁寺九层木塔。从内城已探明的道路布置来看，城内有南北纵街和东西横街各四条，相互交叉，组成方正的棋盘式道路网。其中，由铜驼街和宫城前横街（从东阳门到西阳门）构成的T形道路为全城最宽阔、最重要的街道。

北魏为洛阳新城绘制了严密的规划图，以方一里为规划基本单元，在内城外围筑有"东西二十里，南北十五里"的外郭。由于都城北墙接近邙山，城郭主要兴建在东、西、南三面。全城分为三百二十里，开四门，是四周都筑有围墙的封闭式里坊。里坊的分区则按阶级、职业来组织。西郭大市附近诸里均为工商业聚居，寿丘里专为皇室而设，城南南郭伸延部分建四夷里，安置四方各国侨居人士。城东建春门外的郭门是通向东方各地的出入口，洛阳士人送迎亲朋都在此处。这样大规模整齐划一的里坊在我国历史上是第一次出现，由于其便于控制居民、严格城市管理，因而有利于统治阶级的管理。唐长安的里坊即以此为蓝本。洛阳城的市设置在外郭东、西、南三面人口密集的居住区，东有"小市"、西有"大市"、南有"四通市"，三市均安排在宫城以南，改变了西汉以来"前朝后市"的传统。

北魏洛阳城是我国城市发展的转折点，其奠定了封建社会中期的城市规划制度。规划设置继承了前期封建社会城市规划制度中城郭分设的传统，城以宫为中心，郭以城为中心，并突出中心区的主导地位。宫城仍采用前朝后寝制，百姓居住区采用里坊制，里坊以职业、阶级进行划分。城市道路沿用传统的分级和方格网道系统。北魏洛阳在城市规划中具有重要意义。其是秦咸阳、汉长安后一个划时代的转折点，是东汉以来营国制度发展的一个里程碑。

三、建康城

　　建康即今南京市，孙吴时称建邺，西晋末年因避晋愍帝司马邺讳，改称建康。此后东晋、宋、齐、梁、陈皆在此定都。其城址具体位置选在玄武湖（后湖）之南，秦淮河以北（水北为阳性地）五里，背靠鸡笼山。城后为玄武湖称玄武，城左为钟山（蒋山）称青龙，城右为石头城称白虎，城南为秦淮河称朱雀。秦淮河南岸一带的朝山、案山聚合的小山岗（聚宝山等），形势险要，风物秀丽，形成山环水绕磅礴之势，向有"龙蟠虎踞"之称。这符合"玄武垂头，朱雀翔舞，青龙蜿蜒，白虎驯服"的堪舆原则。

　　建康的中轴线从宫殿南门到淮水北岸总长七里，是吴都的御道。御道砥直向城南的牛首山，其他道路则是"纤余委曲，若不可测"，地势对城市规划的影响可见一斑，同时这也成为建康城市规划的特色。御道南端是朱雀门，立有双阙。朱雀门外的浮桥朱雀航是城南面最重要的门户。洛阳城内，夹道府寺相属，廨（古代官吏办事的地方）署棋布。普通百姓主要居住在淮水南岸的横塘到查浦一带，大臣贵戚的宅第多分布在青溪以东、潮沟以北。对于城市的防卫设施建设，孙吴政权除利用苑囿越城和丹阳郡城外，还在城西石头山上筑有石头城。石头山扼据淮水的入江口，被称为建邺的西大门。

　　公元317年，东晋建都建康。建康城的规模沿袭孙吴之旧，并在宫城位置和功能分区上做了调整。新宫建在原孙吴苑城内，位于建康城北部中央，称为建康宫。由于隋初遭人为平毁，如今只能根据文献及近年考古发掘得知：城周围20里，先后曾有6至12座城门；宫城位于都城北侧，周围8里；官署多沿宫城前御街向南延伸；由建春门到西明门的东西横街将城区划分为南北两部分，北部设置宫城和苑，南部部署御道和百官衙署，由横街和御道构成的T形道路为城市骨架。此后，建康城改变了过去缺乏整体规划、布局凌乱的状况，奠定了南朝各代都城的基础，且总体格局未再变动。在防卫方面，东晋南朝政权在孙吴的建筑基础上加固了石头城作为最重要的军事要塞，又沿南边的淮水和北边的长江分别建筑和加固了东府城、越城、丹阳郡城、西州城及白下城作为首都的外围城堡。图4-3所示为东晋建康城平面图。

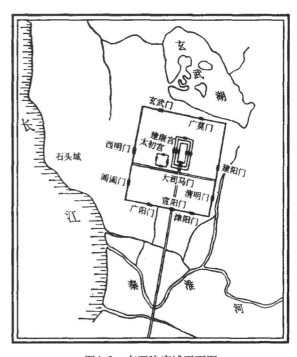

图4-3　东晋建康城平面图

近年考古发掘成果表明，建康的宫城较之多年来推测的位置向南移了两个街区（约100米）。砖路面、砖下水道、砖城墙和房屋的砖基础显现出当时高水平的城市建设技术。梁武帝时期以儒治国，通过对文化发展的重视，培育出了一个文质彬彬的萧梁朝。因而，梁朝也被称颂为阴雨绵绵的南北朝时期犹如乍晴的朗朗天空。人口的昌盛带来了经济的繁荣，尤以秦淮河最为瞩目。据记载，当时秦淮河北岸有大小市场一百多个，连接两岸的浮桥在成为往来通商必经之路的同时也造就了秦淮河的名声。而建康之外的吴郡、会稽也发展成为繁华的大城市。开皇九年陈朝覆灭时，建康被隋军平荡成为耕田，仅留下城南秦淮河两岸的居民区。

第二节　住宅与园林

一、住宅建筑

三国至南北朝时期战乱频繁，因此城市内的大型宅邸普遍具有防卫特征，外部常筑有类似城堡的坞壁体系，内部多蓄兵甲。从建筑构造上看，此时的宫室与府邸多用柏木营建，取其芬芳不朽。墙壁外部多用土墙，室内多用木板壁。另据考古发掘，这一时期北方地区已出现了用于冬季取暖的地炕。

别业在汉末萌发，至南北朝盛极一时。其中以西晋富豪石崇所建的金谷园、刘宋时期谢灵运所建的始宁别业最为典型。其是指除正宅之外，以山水自然为特色的庄园。这类庄园大多依山傍水，面积广大，内置亭台楼阁、果园药圃、鱼池田庄，是兼有生产生活、游赏居住功能的自给自足庄园。

二、园林建筑

中国自古便有崇尚自然的传统，无论是儒家还是道家，都主张人与天地万物是紧密相连的，是不可分割的共同体，此"天人合一"的思想促使人们去探求自然、亲近自然；而这山河壮丽、景象万千，又启发着人们去热爱自然、讴歌自然。对自然景观的发掘以及独树一帜的山水园林就在这种观念形态孕育下，得到了源远流长和波澜壮阔的发展，取得了艺术上的光辉成就。

汉末至南北朝，中国社会经历了一个混乱和痛苦的时期，人们对现实社会产生了种种厌恶，因而使返璞归真、回归自然的思想得以深入人心。汉代处于独尊地位的儒家思想此时受到冷落，道家思想兴起，清谈和玄学成为士人的风尚。人们对个性追求的觉醒，激发了倾心自然山水的热情，孕育了具有独立意义的山水审美意识，使人们对山水的认识从物欲享受提高到了"畅神"这种纯粹精神领略的阶段，这是一个质的飞跃。园林可分为皇家苑囿与私家园林两大类。

（一）皇家苑囿

三国至南北朝时期社会动荡、民生凋敝，使得皇家苑囿的规模大为缩小。洛阳城内的华林园是这一时期最重要的内苑，苑内仍秉持了汉代风尚，重视游观、求仙和园圃等功能。就其造苑思想而言，在继承汉传统的同时，开始向追求自然、注重静观自得、寄情山水转变。北朝苑囿相对南朝要更重人工，受游牧民族习气影响，苑内多设宴饮乐舞之所，具有更强的娱乐性。

（二）私家园林

私家园林除前述的别业庄园外，更多以宅院为主。在清谈玄学盛行的背景下，各类宅园开始从两汉热衷模拟山岳、仙境转为借物寄情。梁简文帝"登山想剑阁，逗浦忆辰阳"的诗句，显示了借助园林景观抒发胸臆，引发联想的过程。此时的私家园林日益与诗情、哲理相结合，并融入士大夫文人的日常生活与精神体验，转变成了一种具有高度文化内涵的特殊人工环境。

在价值取向上，此时的私家园林往往重景致而轻声色，尤其在文化气氛浓郁的南朝。如昭明太子萧统曾诵左思名句"何必丝与竹，山水有清音"，以此谢绝臣下在园内奏乐歌舞的建议；在造园手法上，有了长足进步，已可以通过叠山、凿池、移竹、植木等手法营造类似真实的自然景观。同时，将各类建筑穿插其间，使其成了园景的重要组成部分。

第三节　宗教建筑

一、宗教建筑发展概况

中国古代宗教建筑中以佛教寺庙数量最多。佛教在西汉末传入中国，最初以供舍利的塔为崇拜对象。精深的佛教唯心哲学也和中国魏晋时盛行的玄学互相补充，得到上层士族的尊信。

十六国以后，中国陷入三百年分裂动荡，人民苦难深重。佛教以宣扬佛有救苦度世的伟力和因果报应之说，吸引了大量承受苦难的百姓和在动荡中寻求自保的贵族阶层。作为外来宗教，佛教要想在已有近千年传统儒学盛行的中国大发展，就必须中国化和世俗化，以中国人易懂的说法和乐于接受的形式传播。为把普世大众的信仰转化成可见的形象，佛教建筑在这一时期大为兴盛。佛寺由以塔为中心逐渐变成以更宜于供佛像的佛殿为中心。塔由梵式变为中国传统的楼阁式，殿则建成中国殿堂。汉相的佛、菩萨高坐于华美的床上，上覆七宝流苏帐，宛如中国的皇帝、贵族、贵官。当时，贵族舍宅为寺成风，以住宅之前厅为佛殿，后堂为讲堂，原有的宅园也保留下来，遂成为佛寺园林之萌芽。以一般人终生不得一见的宫殿、贵邸为模式建寺，既显示了佛的尊贵，形象化地表现了佛国的富饶安乐，以坚一般信徒向佛之志，也引起更多人的好奇欲观之心。佛教建筑的兴盛极大地促进了佛教传播。

二、北魏洛阳永宁寺

北魏洛阳永宁寺建于公元516年，是南北朝时期最宏大的佛教建筑，是由皇室兴建的极负盛名的大刹。据《洛阳伽蓝记》等有关记载和对遗址的考古发掘，得知永宁寺的主体部分是由塔、殿和廊院组成，并采取了中轴对称的平面布局。其核心是一座位于三层台基上的九层方塔，总高一百三十余米。它使用了木建筑的柱、枋和斗棋，塔身自下往上逐层减窄减低，向内收进。塔每面9间，每间有36窗。门漆朱红色，门扉上有金环铺首及5行金钉。塔刹置金宝瓶，四周悬挂金铎。塔北建佛殿，四面绕围墙形成一矩形院落。院的东、南、西三面中央辟门，上建门楼；院北则置较简单的乌头门。其余僧舍等附属建筑千间，分别配置于主体塔院之后与西侧。寺墙四隅建有角楼，墙上覆以短椽并盖瓦，如宫墙之制。此塔后来毁于火灾，其遗址及复原图如图4-4、图4-5所示。

图4-4　北魏洛阳永宁寺塔遗址　　　　图4-5　北魏洛阳永宁寺塔复原图

三、石窟建筑

石窟建筑在南北朝时期传入我国，境内最早的石窟寺出现在丝绸之路沿线，如克孜尔、敦煌、麦积山等地。至传入中原地区后，由于统治阶级倡佛，其范围西起新疆、东至山东、南抵浙江、北及辽宁，造就了一系列宏大建筑群。著名的石窟建筑有山西大同云冈石窟、河南洛阳龙门石窟、甘肃敦煌莫高窟、甘肃天水麦积山石窟等。它们多集中在黄河中游及我国的西北一带，鼎盛时期是北魏至唐，到宋以后逐渐衰落。历代石窟中的浮雕、塑像、彩画也给我们留下了丰富的研究资料。从建筑功能布局看，石窟可分为三种：一是塔院型，以塔为窟的中心；二是佛殿型，以佛像为主要内容；三是僧院型，供僧众打坐修行之用。

早期的石窟平面呈椭圆形，顶部为穹隆状，前壁开门，门上有洞窗。后壁中央雕有大佛像，布局比较局促，且洞顶及洞壁未加建筑处理。后来的石窟多采用方形平面，规模大的则分为前、后二室，或在室中设置塔柱。窟顶已使用覆斗或长方形、方形平棋天花，壁上则遍刻包括台基、柱、枋、斗棋等的木架构佛殿或佛陀本生故事等内容的浮雕。此时我国石窟还处在发展时期，受外来影响较多，如印度的塔柱、希腊的卷涡柱头、中亚的兽形柱头以及卷草、璎珞等装饰纹样。但在建筑上，无论是佛殿和佛塔，从整体到局部，都已表现为中国的传统建筑风格。

（一）山西大同云冈石窟

云冈石窟（图4-6）位于山西省大同市以西16千米处的武周山南麓，始建于北魏兴安二年（公元453年），由当时的佛教高僧昙曜奉旨开凿，距今已有1 500多年的历史。现存主要洞窟45个，窟龛252个，石雕造像51 000余躯。其分为东、中、西三部分，疏密有致地镶嵌在云冈半腰。东部以造塔为主，又称塔洞；中部石窟分前后两室，主佛居中，洞壁及洞顶布满浮雕；西部以中小窟和补刻的小龛居多，大多是北魏迁都洛阳后的作品。整座石窟气魄宏大、雕工细腻，彰显了古代劳动人民的智慧，是古代中国与他国友好往来的见证。在雕凿技法上，部分佛像与乐伎刻像明显带有异域色彩，在对秦汉时期艺术传统予以继承和发展的同时吸收了犍陀罗、波斯的艺术成分，创建出云冈独特的艺术风格，为后人研究雕刻、建筑、音乐、宗教留下了极为珍贵的资料。

（二）河南洛阳龙门石窟

北魏孝文帝太和十八年迁都洛阳后，在都城南伊水两岸的龙门山修建石窟。经东魏、西魏、北齐、北周、隋、唐、五代、北宋400余年的经营修凿，这里成为我国最为著名的石刻艺术宝库。石窟位于河南省洛阳市南郊12.5千米处，龙门峡谷东西两崖的峭壁间，此处岩体石质优良，宜于雕刻，所以古人选此处开凿石窟。这里东西两山对峙，伊水从中流过，看上去宛若门阙，故又被称为"伊阙"，唐代以后多称其为"龙门"。龙门峡谷山清水秀、气候宜人，是文人墨客的观游胜地。石窟全长1 030多米，现共存佛洞、佛龛2 345个，佛塔40多座，佛像10万多尊。其中最大的佛像高达17.14米，最小的仅有2厘米。另有历代造像题记和碑刻3 600多幅，其体现了中国古代劳动人民高超的艺术造诣。龙门石窟还保留有大量的实物史料，对于提供比较和鉴定标准方面具有重要的价值，如图4-7所示。

图4-6　山西大同云冈石窟

图4-7　河南洛阳龙门石窟

（三）甘肃敦煌莫高窟

莫高窟又称"千佛洞"（图4-8），位于敦煌市东南的鸣沙山东端，因其地处莫高乡而得名。莫高窟最初开凿于前秦建元二年（公元366年），据说中原一位名乐尊的僧人云游修行至此，夜里突然见到对面三危山上霞光万道，状如千佛，以为圣地，遂在山壁上"造窟一龛"。后来又有法良禅师从东至西，在乐尊的石窟旁继续开凿，于是便开始了更大规模的兴建。石窟南北长1 600余米，上下共五层，最高处达50米。现存洞窟492个，壁画45 000余平方米，彩塑2 415身，飞天塑像4 000余身。石窟大小不等，塑像高矮不一，大者达33米，雄伟浑厚，小者仅10厘米，精巧玲珑。其精湛的技艺与丰富的想象力令人惊叹。绘画题材以佛像、经变、人物等为主，反映了不同造窟时代的社会文化特征，画面经千百年的风沙侵蚀仍然线条清晰、色泽鲜亮。由于敦煌人稀地僻，气候干燥，因而大量的文书和艺术作品得以长期保存，为研究我国古代政治、经济、文化、宗教、民族关系、中外友好往来等提供了珍贵资料，是人类的文化宝藏和精神财富。

图4-8　甘肃敦煌莫高窟

四、佛塔建筑

佛塔是为埋藏舍利、供佛徒绕塔礼拜而造，具有圣墓性质。"塔"属中国造字，是梵文Sputa（窣堵波）的音译，其形为外周环石栏的半球式坟墓（图4-9）。窣堵波之前本与佛教无关，直到释迦牟尼涅槃后，信徒们以最尊贵茶毗之礼将其火化，其骸骨舍利被八个郡王分取回国造塔供奉，从此塔便被佛光笼罩，被赋予宗教含义。东汉时期随着佛教传入，庙宇佛塔开始兴建，同时受本土楼台建筑的影响，造型上缩小成塔刹。伴随着佛教文化和建筑技术的发展，佛塔逐步形成了具有我国民族特色的建筑样式。魏晋南北朝时期，佛塔的主要形式有木构的楼阁式塔和砖造的密檐式塔，两者的不同之处在于密檐式塔只能用来作为礼拜对象而不供登临远眺，与印度3世纪出现的高塔形佛殿（即后来玄奘《大唐西域记》中所记的"精舍"）有关。南北朝时期，塔是佛寺组群中的主要建筑，在城市轮廓面貌中具有地标意义。

图4-9　桑契大窣堵波

（一）山西应县佛宫寺释迦塔

位于山西应县城内的佛宫寺释迦塔（图4-10）又称应州塔，建于辽清宁二年（1056年），佛宫寺释迦塔是国内现存唯一最古老、最完整的木塔。塔位于寺南北中轴线上的山门与大殿之间，共9层（外观5层，暗层4层），总高67.31米，建在方形及八角形的2层砖台基上，底径30米。底层的内、外二圈柱都包砌在厚1米的土坯墙内，檐柱外设有回廊，即《营造法式》所谓的"副阶周匝"。塔的各层都设有平坐及走廊，内程、外柱的排列位于各楼层间的平坐暗层，每层檐柱与其下暗层檐柱结合使用叉柱造，上层暗层檐柱移下层檐柱内收半柱径，其交接方式为缠柱造，在外观上形成逐层向内递收的轮廓。柱梁之间增加了斜向支撑，改善了塔的刚性，经多次地震仍安然无恙。全塔共有斗棋60余种。

（二）河南登封嵩岳寺砖塔

十六国至南北朝时期，各政权为笼络人心，标榜正统，多极力推崇佛教，如北魏末年境内佛寺达三万余所；南梁末期，境内佛寺也达近三千座。随着佛教势力的不断膨胀，对皇权的威胁也日益显露，使得统治者不得不采取措施予以打击。北魏太武帝与北周武帝先后掀起过全国性的灭佛运动，由此导致了大批佛教建筑被毁。

河南登封嵩岳寺塔（图4-11）是现今唯一幸存的南北朝时期的多层佛塔，始建于北魏正光四年（公元523年），塔顶重修于唐。塔身为砖砌，内部为空心砖筒，外观采用了当时北方罕见的密檐塔样式，共15层，高40米，平面为正十二边形。密檐出挑用叠涩手法，檐下设小窗，既打破了塔身的单调，又形成了对比效果。密檐间距逐层往上缩小，塔身外轮廓呈抛物线状，两者收分配合，使庞大的塔身呈稳重秀丽之势。塔心室为八角形直井式，以木楼板分为10层。塔刹由砖砌成，形式为在简单台座上置俯莲覆钵，束腰仰莲，叠相轮七重与宝珠一枚，十分精致。底层转角用八角形莲瓣倚柱，门楣及佛龛上用拱券，装饰仍有异域特色。塔壁设砖雕，根据塔身残存的石灰面可知此塔塔壁原为白色，这是当时砖塔的共同特点。嵩岳寺砖塔的结构、造型和装饰是我国古代砖塔建造的开创性尝试，对后期砖塔的建造产生了极大的影响。

图4-10　山西应县佛宫寺释迦塔

图4-11　河南登封嵩岳寺砖塔

 **思考题**

1. 举例说明南北朝时期的石窟艺术。
2. 简述本时期园林营建的理念。

 **课后拓展**

探寻改革开放后我国园林艺术的成就。

扫码查看更多图片

第五章 隋唐建筑

第一节 都城与宫殿

公元六世纪下半叶，随着隋王朝的建立，中国封建社会进入了鼎盛时期。隋代虽然延续时间很短，但它结束了公元三世纪以来长期战乱和南北分裂的局面，为统一、强盛的唐王朝的建立奠定了坚实的基础。隋代兴建的都城大兴城也为世界古代史上最大城市——唐长安城的建成与发展确立了雏形与规划特点，而在其后兴建的东都洛阳城也成为唐东都洛阳城的前身；这些成就无一不体现出隋代从城市规划到建筑技术与艺术所达到的高度。正因如此，中国的传统木构架建筑体系才能在初唐时期迈入成熟期，并在自身繁荣发展的同时，伴随着唐王朝对外强大的文化影响力，对东亚各国产生巨大且深远的影响。

一、隋代大兴城

公元581年，北周外戚杨坚发动政变夺取政权，隋王朝建立。因原北周都城承自汉长安故城，规划相对局促，且屡经战乱破坏，宫室倾颓，内外环境恶化，兼有水患困扰，隋文帝遂决策择址创建新都，次年任命宇文恺为营新都副监负责规划、设计并督造都城。新城选址于汉长安东南龙首山南面龙首原上，其规划参考邺城与洛阳的规划特点，坊市分离，布局工整，由内而外分为宫城、皇城与郭城三个层次，并依次建设。在宇文恺的统筹规划下，宫城与皇城部分工程于开皇二年（公元582年）六月肇始，进展极为迅速，次年六月即告完成，宫室、官署旋即迁入。北周时期隋文帝杨坚被封为大兴公，新都大兴城（图5-1）因此而得名。

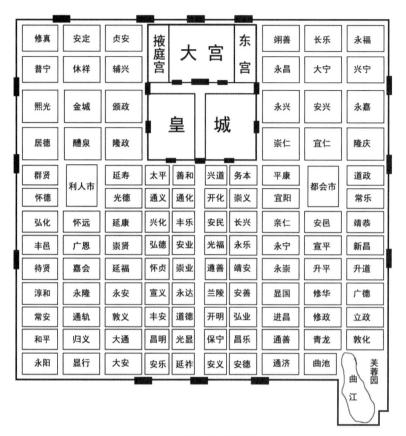

图5-1　隋大兴城平面图

大兴城郭城部分，于隋炀帝大业九年（公元613年）始建，在郭城完工后大兴城的整体规划布局就完全显现出来了，其东西宽度达9 700余米，南北长度达8 600余米，全城面积达到84.1平方千米，是中国古代史乃至世界古代史上规模最大的城市。

（一）宫城与皇城

隋大兴城中宫城与皇城南北毗连，位于全城的中轴线北部，其中宫城分为东、中、西三部分：东部为太子居住的东宫；西部为宫人居住的掖庭宫；中部则为皇帝理政和居住的太极宫。在宫城的南侧沿安福门至延喜门一线，开辟了一条宽为220米横贯皇城东西的横街，形成了一个分隔皇城与宫城部分的长方形广场。皇城设置东西向街道7条，南北向街道5条，集中安置各类中央衙署部门，并沿中轴线左右分别设置太庙与太社。这样的规划设计改变了自汉代长安城建立以来宫殿、官署与闾里混杂的状况，充分体现了宇文恺对新都严整、清晰的规划思路。

（二）里坊与市

大兴城内由纵横交错的街道划分为114坊，由于东西两市与曲江池各占据两坊之地，实际分为108个里坊，各里坊面积、大小各有不同，但均由坊墙围合。从里坊内部结构来看：大坊内有十字街作为主要通道，开四面坊门；小坊内部则以东西横街为主要街道，开东、西两面坊门。大小里坊内部均有被称为"曲"的巷道连接主街以为交通。从管理制度来看：各里坊的外侧部位多为高官与权贵的府邸及寺庙，可直接向坊墙外开门，一般不受宵禁制度影响；而

图5-2　里坊制度示意图

里坊内部的普通民居，则只能面向坊内街区开门，居民的出入通常受到坊门按时启闭的影响，夜间一般不得外出。里坊制度如图5-2所示。

　　由于大兴城整体规划将坊市严格分开，故将郭城内沿中轴线对称的两块区域分别划分为东市与西市，两市均有墙垣环绕，内设"井"字形干道，各分为九块区域供商贾与手工业者经营。其中，东市云集了百货商铺、食肆与手工业作坊；而西市在此基础上还集中了大量的胡商，集中反映了此时对外贸易与交往的繁荣景象，但从管理制度上仍然遵循正午开市至日落闭市的原则。这在一定程度上限制了工商业的发展，并给本地居民的生活造成了诸多不便。

　　除此之外，城中还有依据地形所建造的景观与游园布置，曲江的芙蓉池正是其中的典型代表。里坊制度使得城市布局整齐有致，白居易诗"百千家似围棋局，十二街如种菜畦"正是对这种规划方案最好的描述。

（三）交通设施

　　隋大兴郭城内设南北向、东西向各三条主要街道，合称"六街"，作为通往东、南、西各三座城门的主干道，其余另有南北向八条东西向十一条街道交叉联通。"六街"中除东西向的延平门至延兴门大街宽度为55米左右，其余街道宽度均在100米以上，而位于城市中轴线上的朱雀大街宽度在150米以上。"六街"之外的其他街道宽度为20米到65米不等，根据统一规划，街道两侧均设有宽度为两米左右的排水明沟，并栽植行道树。

　　针对城市环境美化和给水排水的需求，宇文恺在规划设计之初即考虑利用大兴城周围丰富的水源，引三条水渠入城，同时又在城外设计开凿了广通渠，沟通渭河和黄河，以便城市内外物资的运输，并在客观上满足农业生产的需求。

二、唐代长安城

　　公元618年，隋炀帝杨广于江都为乱军所杀，李渊逼迫隋炀帝之孙杨侑退位而自立唐朝，建元武德。唐王朝建立后继续以隋大兴为都，改名为长安城（图5-3）。唐长安城沿袭隋大兴格局，其郭城以内部分自隋朝建成后，至此基本维持不变。主要改造工程包括在郭城内东部区域营建兴庆宫，并修整位于城东南角的曲江景观区域；在郭城外东北角则营造大明宫，并使之成为其后较长时间内唐王朝的政治权力中心。

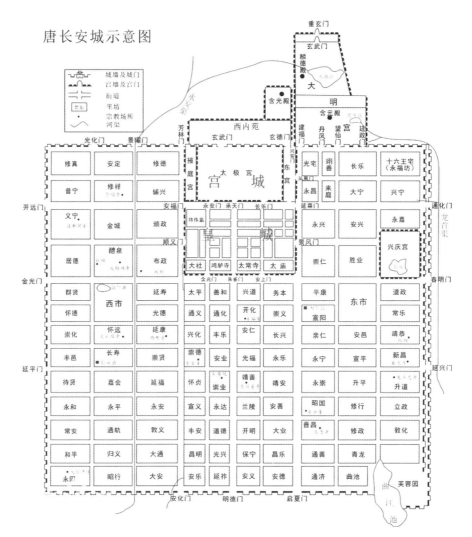

图5-3 唐长安城平面图

（一）"里坊制"的盛衰

作为一种城市规划管理制度，"里坊制"兴起于三国时期，发展成熟于两晋南北朝，最终于隋唐之际达到极盛。其优点在于城市整体布局严整、功能分区明确，管理方式相对简单。但在长期应用的过程中，其局限性也十分明显，由于坊市均在日落时分关闭，对于居民生活造成诸多不便，不利于城市工商业的发展。

初唐时期，这样的管理制度尚能严格执行，但同时也酝酿着变革与突破。由于东、西两市开市时间较晚，闭市时间较早，而城市整体规划巨大，城郭南部的几列里坊距离东、西两市路途遥远，日常生活采购及其他商业活动开展多有不便；特别是在大明宫与兴庆宫先后成为唐王朝的政治权力中心之后，城中人口特别是权贵阶层大量向东北方向迁移、集中，导致城中各区域发展不平衡的问题进一步凸显，这就使得"里坊制"的局限性更为突出。

直至盛唐时期，城中各区域里坊发展不平衡的问题依然没有得到解决，反而更加严重，长安城南部数列里坊无人居住，甚至荒废。据《唐两京城坊考》卷二中记载："自兴善寺以南四坊，东西尽郭，率无第宅，随时有居者，烟火不接，耕垦种植，阡陌相连。"

出现这样的情况，一是由于在都城规划初期过分追求规模的庞大，二是由于"里坊制"客观存在着时间、空间上的束缚。因此，自初唐以后里坊的内部布局开始逐渐发生改变。首先出现了适应日常生活所需的各种店铺、食肆，到中晚唐时期，有些里坊内甚至出现了夜市；坊墙的桎梏也开始逐渐打破，住宅与店铺的开门不再严格面向坊内，部分里坊依托原有寺院等公共建筑还开辟出了供人游赏的园林景观区域。

（二）规划、建筑特点及影响

唐长安城整体规划与重要建筑大多承袭自隋大兴城，后续的改造工程也大都遵循相应范式。其规划恢宏、严整，宫室、衙署与宅邸建筑的壮观、瑰丽，宽阔的街道，高耸的坊墙都充分反映了隋唐盛世的繁荣景象，也体现出了"里坊制"极盛期的规划与建筑特点。这样的城市布局与建筑形式也成为其后一段时间内国内新建、改建城市，营造建筑的范本。清初顾炎武在《日知录》中写道："予见天下州之为唐旧治者，其城郭必皆宽广，街道必皆正直，廨舍之为唐旧创者，其基址必皆宏敞，宋以下所置，时弥近者制弥陋。"唐代长安城于城市建设规划方面的示范作用由此可见一斑。

伴随着自隋以来，尤其是唐朝与周边各国的交流，"九天阊阖开宫殿，万国衣冠拜冕旒"逐渐成为唐代长安城中的日常景象。而随着各国使节完成外交使命返回自己的国家，令他们印象深刻的城市规划与建筑特点也开始在这些国家产生影响，其中以日本的"遣唐使"回国后产生的影响最为深远。自第一座具有"条坊制"特征的唐长安式的城市——藤原京营造开始，在日本的国土上先后建成了平城京、平安京等多座仿效唐代长安城的京城。

古代日本的都城并不固定，往往是一位新的天皇即位，就会进行一次迁都，所以早期都城很多，而且规模通常都不大，也并无明确的规划特点。在封建制度确立并且完成了国家统一之后，出于对中国中央集权的朝廷与首都的模仿，日本决定学习唐代长安城的模式，将都城固定下来。以其中比较典型的平城京为例，于公元710年建成的平城京，即今奈良，几乎完全仿照唐长安城规划建造。其南北长4.8千米，东西宽4.3千米，布局即采用所谓"条坊制"，以正中的朱雀大路将城市分为"左京"与"右京"两片区域。"左京"与"右京"各有4条南北向大路，9条东西向大路，并在左右两京设有东市与西市两处市场；宫城部分位置与藤原京相同，正门为朱雀门，位于朱雀大路的北端，称为大内里。平城京如图5-4所示。

在定都平城京数十年后，由于当地的僧侣势力日益强大，对天皇统治构成威胁，桓武天皇不得不放弃平城京，于公元784年在长冈另建新京，但未能完成，其后又于公元793年在今京都建造平安京，并于公元794年迁都至此。平安京格局与平城京相仿，同样采用"条坊制"，南北长5.3千米，东西宽为4.5千米。平安京于公元805年完全建成后，成为其后一千余年日本的首都，以及文化中心和宗教中心。

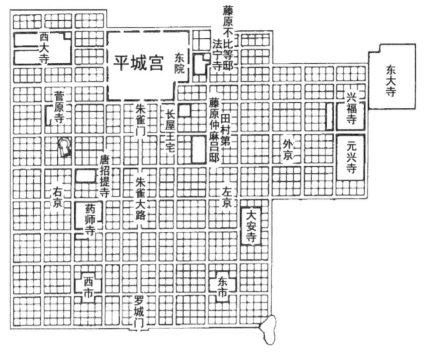

图5-4　日本平城京平面图

（三）规划、建筑理念与技术

　　根据勘察，长安城朱雀大街南端的明德门设有五个门道，每个门道宽5米，与北面皇城正门朱雀门、宫城正门承天门遥遥相对。作为大兴城内三座最大的城门，正对明德门的朱雀大街宽度达150米，由此向北形成的中轴线，总长度将近9千米。从上述建筑的尺度与道路的宽度，我们可以推想出唐长安城的整体建筑体量是何等壮观。

　　长安城的规划与建筑处处以庞大、恢弘来凸显皇权的至高无上，又以维护统治需要为出发点，用高大的坊墙围合居住区，并实行宵禁制度，造成了城内街景单调、乏味，以及居民生活的种种不便；城中虽有各种排水与运输渠道，但由于需要穿越各处坊市，因为坊墙的存在，无论是排水效果还是运输功能都未能很好发挥。

　　同时，由于建筑材料与构造技术的发展与规划建筑理念并不匹配，大量的建筑依旧以土作为主要建筑材料。在暴雨等天气引发的洪涝灾害之后，往往发生坊墙因积水浸泡而倒塌的情况，并由此造成人员伤亡与建筑物的损毁；城市的主要街道虽然都设有宽敞的排水明沟，但由于其路面材质均为土质，一旦遇到降雨天气就会泥泞不堪，难以通行。因此，唐长安城的道路虽然十分宽阔，但居民出行却常有阻碍，有时甚至影响到了百官上朝。

　　上述情况均反映出唐长安城在规划、建筑领域的失误与不足。唐长安城作为中国封建社会鼎盛期的都城，其整体风貌固然恢弘、严整，但依然存在与当时经济、社会发展需要不相适应的历史局限。

三、唐代大明宫

唐代大明宫始建于唐贞观八年（公元634年），原为唐太宗李世民为当时被尊为太上皇的高祖李渊颐养天年所新建的一处宫殿，但直至李渊驾崩大明宫仍未建成。唐高宗时期，皇后武氏以隋朝时修建的太极宫地势低洼不利于高宗皇帝李治休养身体为名，将唐太宗时期未完成的大明宫加以扩建，并迁居于此。自此之后太极宫长期闲置，而大明宫则成了唐朝新的政治中心。

（一）大明宫建筑与规划特点

唐代大明宫遗址位于长安城外东北的龙首原上面，布局呈南宽北窄的不规则梯形，总面积约为3.27平方千米。根据已经发掘的含元殿、麟德殿、玄武门等重要门、殿，结合相关史料进行复原研究，可以探知大明宫建筑组群体现出的恢弘气势和唐代宫殿建筑风貌。唐代大明宫如图5-5所示。

大明宫外朝含元、宣政、紫辰三殿，与宫城南门丹凤门沿中轴严格对称。而紫辰殿向后则是皇帝与后妃居住的内廷，内廷中部充分利用地势，以洼地形成太液池，并在池中建筑蓬莱山，使之成为内廷中心的园林景观区域；而在太液池以西则筑有麟德殿，作为皇帝赐宴群臣、命妇，召见蕃使，观看伎乐、百戏，以及进行佛道法事的场所。

图5-5 唐代大明宫平面图

大明宫外朝三殿是严格按照周礼制度进行规划与建造的，其与内廷建筑群共同构成了严格的前朝后寝格局。其纵向布局的外朝三殿开创了三殿相重的布置方式，对后世的宫殿营造制度产生了深远的影响。但同时我们也应该看到，大明宫内廷部分宫苑结合的形式相对自由，富有园林气息，依旧带有如秦、汉等前朝宫苑特色。

（二）含元殿

含元殿是大明宫中轴线上的第一大殿，于公元662年建成，其是举行大朝会、阅兵、献俘等重要仪式的场所。其建筑基址选择与建筑过程极为精妙，通过对含元殿遗址的勘测，发现其基址所处土台高出平地10余米。含元殿基址下方的土台由龙首崖南壁经过切削与局部夯土构成，充分利用了龙首山的山体形态，减少了工程土方作业量，使得位于长安城东北角的大明宫含元殿获得了可以俯瞰全城的高度。而利用含元殿向南至丹凤山之间天然地形建成的殿前广场，空间开阔深远，能很好地适应其本身的功能与用途。图5-6所示为含元殿复原图。

图5-6　含元殿复原图

含元殿殿基下方土台通过勘察发现有三条长约70米的平行登台步道，被称为"龙尾道"，如图5-7所示。其做法为平坡相间，节奏起伏富于变化，与殿基下方土台形成了天然的整体，造型生动、优美；殿基东西各有向两侧延伸并向南转折的廊道遗址。用于连接殿前左右对置的翔鸾阁与栖凤阁两阁，其造型经过勘查复原为歇山顶三重阙式，高耸于含元殿前方两侧，如同其左右门户。

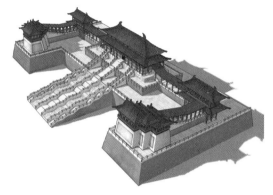

图5-7　含元殿龙尾道示意图

含元殿主殿平面布局样式接近《营造法式》中的"双槽副阶周匝"做法，面阔十一间，加副阶面阔十三间，殿阶设木平座，是比较典型的唐代建筑做法；屋顶采用重檐庑殿顶做法，屋面覆有黑色陶瓦和少量的绿色琉璃瓦，绿色琉璃瓦主要用于屋脊和檐口部分，形成了色彩鲜明的视觉效果。

含元殿建筑组群，气势恢宏，庄重质朴，在功能与形式上既有继承又有创新，展现出了成熟的中国木构建筑体系特征与盛唐气韵。

第二节　宗教建筑

隋朝的建立结束了绵延数百年的战乱与分裂局面，稳定、强大的封建王朝在各个方面都得到了较大的发展，与域外多民族和国家的广泛交流，以及统治阶级对于外来文化兼容并蓄的态度，为宗教的兴盛提供了土壤。南北朝时期的民族融合与交流，客观上促进了宗教的发展，也为隋唐时期宗教的极大繁荣奠定了基础。

佛教自东汉时期传入中国，起初并未受到重视，直至南北朝时期逐渐得到了统治阶级的重视，寺院和石窟寺等重要建筑形式因而开始逐步发展。隋唐时期佛教的兴盛，促进了各宗派的产生，而各宗派广开山门吸纳僧众也推动了佛教建筑的大发展。

道教作为中国本土宗教，从南北朝时期开始逐步影响到了社会上层。隋唐时期，道教杂糅儒释两家理论，形成了一套完善的理论体系；而唐朝时道教的隆盛，也得益于李唐统治集团借助道教神话巩固其皇权地位的需要，道教在唐朝得到了空前发展。

基督教和伊斯兰教作为外来宗教，在隋唐时期一定程度上得到了上层社会的认可和推动，其建筑形式也同时得到了发展。

一、佛光寺与南禅寺

隋唐时期佛教的空前发展，带来了佛寺建筑的极大繁荣。然而公元845年的"武宗灭法"，以及公元955年的后周世宗灭法，对于隋唐佛寺建筑造成了毁灭性的破坏，以至于仅剩四座唐代木构佛殿保存至今，而其中构架与外观保存唐时风貌比较完整的仅有山西五台山的佛光寺大殿与南禅寺大殿。这两座大殿也是目前认识、研究唐代木构建筑的主要样本。

（一）佛光寺

佛光寺（图5-8）位于山西省五台县佛光山中，隋唐时期即为五台名刹，其大部分毁于"武宗灭法"，现有建筑大多重建于唐宣宗"复法"后。

寺址依山就势筑成三层台地，全寺三重院落逐级升高建于三层台地之上，作为全寺主殿的东大殿就位于最高处的第三层台地上。东大殿建于唐宣宗大中十一年（公元857年），由于其规模较大，结构较为复杂，构架与外观完整地

图5-8　五台山佛光寺

保留了唐代原貌，具有较高的历史研究价值，是重要的唐代殿堂型建筑的研究模板。

佛光寺东大殿平面采用了宋《营造法式》所描述的"金箱斗底槽"平面形式，面阔七间，进深四间，由两圈柱网围合成内外双槽。佛坛设于内槽后半部，左右后三面由夹山墙和扇面墙围合，外槽于明清时依左右两山墙与后檐墙砌台三级，安置五百罗汉像。大殿外墙左右后三面外檐柱均有土坯墙包砌，对于稳定柱网结构起到了很大的作用，柱网部分有明显的"生起"和"侧脚"。大殿正面左右两尽间与左右山面后间设直棂窗，正面中央五开间连续设置对开板门，与大殿上方的单檐庑殿顶和下方的低矮台基共同构成了建筑立面舒展深远的构图，加上造型雄健的斗拱与鸱尾，充分展现了唐代殿堂建筑的稳健、恢弘气度。

（二）南禅寺

南禅寺（图5-9）位于山西省五台县李家庄，全寺规模不大，大殿体量也远不及佛光寺大殿。根据寺中大殿内梁下墨书题记可知大殿重修于唐德宗建中三年（公元782年），大殿虽经历"武宗灭法"却并未受损，成为我国现存最早的木构建筑，具有重大的历史意义和研究价值。

大殿面阔、进深各三间，平面近似正方形，其整体构架十分简练，属于《营造法式》所描述的"四架橼屋通檐用二柱"的

图5-9　五台山南禅寺

厅堂构架，仅殿身四周设12根檐柱，殿内则无柱，大殿正中设长方形砖砌佛坛，其上放置十七尊唐代泥塑像。

南禅寺大殿建筑等级不高，体量亦不甚大，但其以远大于宋代同等建筑的用材，简洁的立面设计，平缓舒展的单檐歇山顶，充分体现了唐代建筑豪迈的气度。

二、佛塔建筑

佛塔原为佛教徒膜拜的对象，随佛教传入我国的佛塔，其早期形象受印度犍陀罗风格影响较大。后来在长期本土化的过程中，其与中国本土的建筑风格相结合，形成了楼阁式塔、密檐塔、单层塔、喇嘛塔等多种形式。伴随着隋唐时期佛教的兴盛，各类佛塔遍布全国各地，并且还影响到了朝鲜、日本和越南等国家与地区。

（一）慈恩寺大雁塔

慈恩寺大雁塔（图5-10）初建于唐高宗永徽三年（公元652年），由唐代高僧玄奘为存放印度取回的经籍所建，于武则天长安年间倒塌而后重建。大雁塔原为十层，现存七层，其形式属于楼阁式砖塔，平面呈方形，内部空筒结构设木楼板，并有木梯连接；其外观虽于明代包砌改建，但依旧能够反映出质朴、雄健的初唐建筑风貌。

图5-10　慈恩寺大雁塔

（二）小雁塔

荐福寺小雁塔建于唐中宗景龙元年（公元707年），用于存放唐代高僧义净由印度带回的佛经。其形式为密檐砖塔，原有15层密檐，后由于明嘉靖年间地震造成塔顶残毁，现存13层；塔平面呈方形空筒状，内设有木质楼层板，并设有砖砌蹬道以供通行。塔身一层较高，经勘查发现原塔身外有副阶"缠腰"，现已无存。上部楼层密檐逐层降低，使塔体呈现出流畅、优美的曲线轮廓，小雁塔是唐代密檐式佛塔的典型代表，如图5-11所示。

（三）四门塔

神通寺四门塔建于隋大业七年（公元611年），其形式为亭阁式塔，塔身呈单层，平面为方形，四面各开一半圆券拱门；塔顶部分先由5层石板叠涩出沿，然后再由23层石板逐层收束形成方锥形塔顶，上部建有塔刹。塔内部与石窟寺结构相似，中心有方形塔柱，塔柱四面安置佛像。经考证，该塔为我国现存最早的亭阁式石塔，其外形庄严、质朴，反映出了隋唐时期的建筑审美特点，如图5-12所示。

图5-11　荐福寺小雁塔

图5-12　神通寺四门塔

第三节　陵墓建筑

隋朝大一统局面的形成，为经济与文化的全面复苏奠定了基础，进而造就了隋唐时期国力的空前强盛，也为陵寝制度的复兴创造了条件。然而，由于隋朝存续时间较短，在陵寝建筑方面未能取得很大进展。而其后取而代之的唐朝则在这方面多有遗存，主要集中于唐京师长安周边的"关中十八唐陵"。

"关中十八唐陵"主要有两种形制，一为建于平原之上的"封土为陵"；一为建于山中的"依山为陵"。其中，始于汉代发展于南北朝时期的"依山为陵"的做法在"关中十八唐陵"中最为常见。

一、昭陵

昭陵（图5-13）是唐太宗李世民和文德皇后长孙氏的合葬陵墓，位于陕西省咸阳市礼泉县城外九嵕山上。昭陵的选址以节省民力和防盗为出发点，延续了自汉代以来历经南北朝不断完善的山陵做法，结合逐渐发展成熟的风水理论体系，并以诏令的形式开创了自唐太宗昭陵以后唐朝历代帝王陵寝几乎全部依山为陵的先例。

图5-13　昭陵

昭陵仿长安城格局，外有垣墙环绕并开四门，垣墙内分布各式屋宇殿阁，玄宫位于九嵕山山腰位置的山体内部。贞观十年（公元636年）文德皇后长孙氏先葬于此，玄宫外原有栈道与山下连接以供宫人侍奉，唐太宗李世民驾崩后与文德皇后合葬，高宗皇帝依群臣奏议，按原规划设计拆除栈道使"灵寝高悬，始与外界隔绝"。

昭陵北司马门东西庑房内原安置有六匹骏马的高肉浮雕，即著名的"昭陵六骏"。六匹骏马形态生动、造型各异、气韵雄浑，体现了唐代雕塑艺术的质朴、简洁的特征。该浮雕题材新颖，不用瑞兽，体现了唐代独特的审美特征以及浓厚的政治意味。此外，昭陵沿袭汉制以勋戚、功臣、名将陪葬，陪葬墓极多。其中，魏徵、尉迟敬德等人陪葬墓中的石雕、石刻亦属精品。

二、乾陵

乾陵（图5-14）是唐高宗李治的陵寝，高宗皇后及后来的女皇武则天（退位后）也安葬于此，其是罕有的合葬夫妻为两位皇帝的帝王陵寝。乾陵位于陕西省乾县以北，依梁山主峰为陵，大体形制与昭陵类似，四周以陵墙环绕并四面开门。自南门朱雀门向南延伸为神道，神道两侧设三重阙，分别对应郭城、皇城和宫城正门，与神道两侧散布的皇亲、功臣的陪葬墓共同构成模拟长安城形式的建筑格局。

乾陵神道两侧的石雕极为丰富，由南向北，左右分列华表、飞马、朱雀各1对，石马及牵马人5对，石人10对，另有为两位帝王歌功颂德的"述圣纪碑"与"无字碑"（图5-15），以及蕃酋、使臣雕像61座，在朱雀门前还设有石人、石狮各1对。乾陵石雕不仅有着极高的艺术价值和唐代石雕的代表风格，更重要的是它自此定立了神道石刻种类、数量、位置的规制，并为后世所沿用。

乾陵陪葬墓较多，其中已发掘的有永泰公主墓、章怀太子墓和懿德太子墓。各陪葬墓均有精美的石雕与壁画。其中，永泰公主墓更以其壁画精美著称。

图5-14　乾陵

图5-15　乾陵无字碑

 **思考题**

1. 简述隋唐都城的规划特点。
2. 简述隋唐建筑的材料与结构特点。

扫码查看更多图片

 **课后拓展**

通过对日本奈良唐昭提寺相关内容的了解与分析，试比较其与五台山佛光寺大殿形式与结构的异同，并简述产生差异的原因。

第六章 两宋建筑

第一节 都城与宫殿

公元907年，随着唐朝的灭亡，中国历史进入五代十国时期。在五十余年的战乱与割据状态下，中原地区遭受了严重的破坏，长期以来作为都城的长安与洛阳都曾被毁。同时，由于政权更迭频繁，国力普遍衰弱，中国北方特别是中原地区城市与大型建筑的营造活动受到了相当大的制约。在相继出现史称十国的10个割据政权所在地区，特别是相对比较安定富庶的蜀国和南唐，较好地沿袭隋唐时期的建筑风貌，开展了较多的建筑活动。位于江南的吴越国所在地区，也进行了较大规模的建筑营造活动。

公元960年，宋太祖赵匡胤夺取后周政权建立宋朝（史称北宋）。中原地区结束了战乱割据的局面，随后又完成了对长江以南地区的控制，形成了与中国北部和西部少数民族政权并立的相对稳定的中央政权。政治局面的稳定促进了手工业和商业的快速发展，其重文轻武的治国理念也促成了文化与科技的相对繁荣。在这样的背景下，宋代建筑取得了较大的成就。

一、北宋汴梁城

北宋都城汴梁（图6-1）位于今河南省开封市，其始建于春秋时代，唐代时为州府，至五代时成为地方割据政权的都城，而后进行了较多的改建与扩建。北宋政权建立以后，考虑到长安、洛阳故城遭受毁坏严重，而汴梁所处位置适中，且有一定的都城建筑与规划基础，于是定都于此，并进行了进一步的扩建与改建。

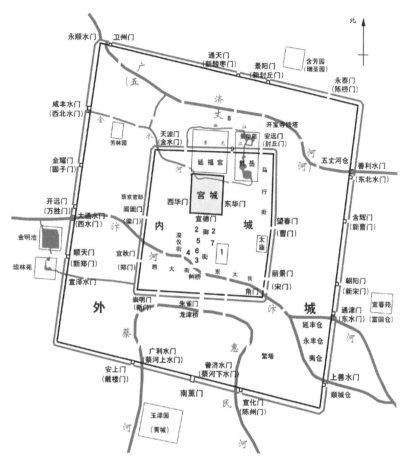

图6-1　北宋汴梁城平面图

（一）城市布局

　　根据史料记载及考古发掘遗迹显示，汴梁城呈三城相套格局，自内而外由宫城、内城与外城组合而成。宫城即为皇城，宋时称大内，原为节度使治所，后经后周世宗扩建。至公元969年，宋太祖在此基础上仿洛阳宫室进行扩建，最终确定了其位于内城中心偏北位置的布局。这次扩建改变了自曹魏邺城沿袭至隋唐长安城时期宫城多位于都城北部的城市布局。

　　北宋都城汴梁的整体布局初步形成于后周世宗时期，至北宋时期略有扩建。现已初步探明其外城形状近似平行四边形，其中东城墙长为7 660米，西城墙长为7 590米，南城墙长为6 990米，北城墙长为6 940米，周长为29 180米，约合宋里52里。由于汴梁故城因黄河多次决口淤埋于地下，内城与宫城具体位置、尺度尚无法确定，仅能通过现有史料进行推测。汴梁城整体布局呈现出与隋唐时期都城截然不同的特点：其外城开有水城门、旱城门二十座；内城每面各辟三座城门；宫城每面各一座城门；三层城墙均有护城河环绕。自此形成的宫城居中而内、外三城相套的格局，为同时期的金国和后世的元、明、清所模仿和沿用，对其后的都城规划布局产生了深远的影响。

（二）坊市的变化

北宋汴梁城的城市布局特点是由相对封闭、坊市分离的"里坊制"演变成了开放的街巷制，这一特点初步形成于后周世宗在位期间对汴梁城的改建、扩建工程。在加筑外城时就已明确规定，除道路、兵营、衙署及官仓等军政、市政用地由官府统一规划以外，其余部分由百姓自行规划、建造。

宋太祖即位后，也曾短暂地沿用了里坊制与宵禁制度，并同样划定了东市与西市，但工商业的发展与居民生活的客观需要，都促使这种局面发生了变革。宋太祖乾德三年（公元965年），正式取消宵禁制度，准许开设夜市；至宋仁宗景佑年间，除拆除坊墙之外，还允许商人只要纳税就可以随处开设店铺。这样的一系列举措，最终使汴梁城的规划布局完成了从相对封闭的里坊制向完全开放的街巷制的转变。

城市规划布局的重大转变，又进一步促进了工商业的繁荣。根据文献记载，汴梁城中除店铺相对集中于商业街外，还出现了以相国寺庙会为代表的周期性的市场。夜市与早市也被大量开设，餐饮、娱乐行业空前发达。遍布全城的大小酒楼与勾栏瓦舍促进了建筑业的兴盛，促使更多新的公共建筑类型不断出现。

（三）《清明上河图》街景

汴梁城的城市景观虽然因地质变化淤埋于地下，至今难以得见，然而北宋画师张择端所作的《清明上河图》（图6-2）由于细致描绘了汴梁城内及近郊风貌，使我们得以通过另一种方式了解北宋晚期的汴梁城图景。正是由于其高度写实地还原了彼时的城市风貌，并且以极为丰富的细节描绘忠实反映了城市规划、建筑、工商业发展及居民日常生活，而成为研究北宋时期城市与建筑营造活动的重要依据。

从画卷中可以看到，城内街道虽规划整齐，但街道两侧已无坊墙阻隔，各类店铺与宅邸面向街道开门，建筑样式丰富多彩，行商坐贾遍布街市，展现出了汴梁城内繁华的商业

图6-2 《清明上河图》中的街景

氛围。此时的汴梁城商业、餐饮业及娱乐业高度发达，被称为"正店"的大酒楼遍布各处闹市。据《东京梦华录》记载："在京正店七十二户，此外不能遍数。"画卷中门口扎着"彩楼欢门"的"孙家正店"，楼高三层，建筑体量宏大，结构精美，其反映了宋时建筑规制对于临街酒楼等商业建筑在饰用斗拱、藻井等高级建筑装饰构件方面给予的优待；繁荣的工商业也带来了人口密度大、人员往来频繁、卫生防疫需求凸显等问题，因此，"赵太丞家"这样的售卖药材并提供医师坐诊的药店应运而生，与官营药局互为补充共同解决了这一难题。

从建筑细节来看，画卷中的城门呈现出明显的排叉梁柱构造，反映出了北宋晚期的城门典型样式；各式建筑屋顶样式也各有不同，且层级分明，城门门楼用庑殿顶，高级酒楼用歇山顶，普通民宅与店铺用悬山顶等样式；横跨汴河的虹桥采用叠梁拱搭建，这一独特的结构在明代仇英版本和清院本《清明上河图》中被改为砖石拱桥，说明了这种结构方式在宋时较为成熟且应用广泛，然而在后世却未能得到很好的发展与沿用，在我国很多地区难以得见。张择端的作品为我们研究北宋时期建筑艺术特色与结构技术提供了宝贵的资料。

二、南宋临安城

靖康二年（公元1127年），金军攻入汴京，掳走徽、钦二帝及宗室、公卿等3 000余人，并将汴京劫掠一空，北宋灭亡。同年，康王赵构于南京应天府继皇帝位，改元建炎，史称南宋。而后政权继续南迁，于建炎三年（公元1129年）定临安府为行在，至绍兴八年（公元1138年），正式定临安为都，由此开始了其作为都城的营造活动。

（一）"坐南朝北"的特殊布局

临安城（图6-3）古称钱塘，隋朝初年在此地设州治，由此得名为杭州，五代时为吴越国都城，吴越国在此建都时以原州城为内城，在外围建筑罗城，原州治所扩建为子城；至北宋时，拆除内城并以吴越罗城为州城，扩建原子城为皇城。由此形成了临安城内皇城位于南部，南北长东西窄的独特都城格局。

临安城皇城以南门丽正门为正门，北门和宁门为后门，但由南向北贯穿全城的御街起始于皇城北门和宁门，且由此向北在御街西侧集中了三省六部等中央官署。因此，和宁门成了真正意义上的皇城正门，而全城也由此形成了独特的"坐南朝北"布局（图6-3）。

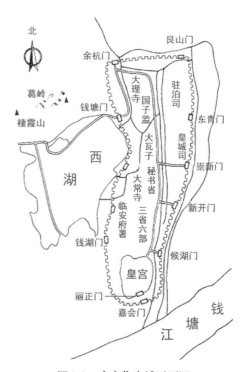

图6-3 南宋临安城平面图

（二）商业繁荣的园林城市

临安城独特的城市布局，一方面是由于多次的改建和扩建逐年形成的；另一方面则由其建城之初选址位置所决定。其东临钱塘江，西临西湖，北连运河，南枕凤凰山的地理位置使其拥有了难得的湖山盛景，加之城内外遍布皇家园林、私家园林及寺观园林景观，使之成为一座名副其实的山水园林城市。

在坊市制度方面，临安城延续了北宋汴梁城开放式街巷的形式，但商业氛围更加浓厚。在和宁门外的御街东侧，与三省六部等中央官署隔街相对的地方，设置了官营的商业机构及市场。而由此向北，在御街的中段区域，集中了各类商铺，与酒楼、茶坊、瓦舍等共同构成了城内繁华的商业街，加上与御街垂直的东西向干道，几乎覆盖全城干道网络的各类街市，使得临安城的商业性特点十分突出。这样一种围绕御街核心区域设置商业区，并且全城遍布各类商铺的景象在都城格局中非常罕见，也使之成为中国古代城市史上特别是都城规划方面的一个典型案例。

第二节　宗教及祭祀建筑

历经五代至宋，佛教虽然延续了隋唐以来的繁荣，佛学思想的研究和佛教建筑的发展取得了很多成就，但也短暂经历了后周世宗显德二年（公元955年）的"灭法"，使旧有的佛教寺院等建筑受到了很大破坏，因而隋唐及更早时期兴建的寺院遗存极少；另外，随着佛教的进一步发展，转轮藏殿与戒台等新的建筑形式与规划布局也在两宋时期的寺院建筑中得以显现。

一、寺院

唐末至北宋年间形成的以高阁为主体的高型佛寺建筑群，是宋代佛寺布局的重要样式，其现存的一个重要实例为河北正定隆兴寺。

（一）隆兴寺

隆兴寺位于河北省正定城东，始建于隋朝，原名为龙藏寺，后于北宋开宝年间至元丰年间扩建，改名为龙兴寺，至清初又改名为隆兴寺。该寺院虽历经金、元、明、清四代及新中国成立后的多次重修，但基本保持了北宋时期形成的总体布局与建筑特点。

隆兴寺中现存的摩尼殿、转轮藏殿、慈氏阁均为宋代木构建筑，而作为寺院主体建筑的佛香阁因20世纪40年代严重残毁拆除后重建，已不复当年规模与形制，仅有阁中供奉的铸造于宋开宝四年（公元971年）的观音铜像为宋代原物。

隆兴寺摩尼殿（图6-4）建于北宋皇佑四年（公元1052年），大殿采用殿堂型构架，为金厢斗底槽加副阶周匝；平面近似于方形，呈现出四出抱厦形式，上覆重檐歇山顶。这种四出抱厦并以其歇山山面向前的建筑样式，在现存的两宋与辽、金建筑中为仅有的一例。

隆兴寺转轮藏殿与慈氏阁位于全寺主体建筑佛香阁前方，东西相对，尺度与外观形式非常相近，平面都是面阔、进深各三间，在底层的正面出副阶。两座殿阁都属于堂阁型构架，内部结构做法略有不同，转轮藏殿由于在内部需要安置可以转动的转轮藏，所以将底层的两根内柱向左右两侧进行了偏移，并取消了上层对应的两根内柱。而在慈氏阁中，由于需要在慈氏塑像前留有疏朗的空间，因此采用了减柱造的做法，在底层减去了两根内柱。

图6-4 隆兴寺摩尼殿

（二）华林寺

华林寺坐落于福建省福州市屏山南麓，始建于北宋乾德二年（公元964年）。寺内的大殿为中国长江以南现存最早的木构建筑，其特点反映了宋代福建特有的地方做法。因为福州在当时地处相对偏远，所以在建筑构件的形式和尺度上与中原地区有很大的不同。华林寺的大殿坐北朝南，面阔三间，进深四间，大殿前部为一间深的敞廊，整体以开间和用料尺度巨大著称。其正立面当心间面阔尺度比佛光寺大殿还要大，加之其细部处理优美、圆润，使其同时具有了庄严雄浑与轻盈俊秀的特点。

二、佛塔建筑

两宋时期，随着佛教在我国的进一步发展，佛塔的建筑形式及其覆盖地域也有了进一步的拓展。相比唐代佛塔，两宋统治区域及与之同时期的辽、金等政权统治区域内都有较多的佛塔实物遗存。

（一）定州开元寺塔

定州开元寺塔（图6-5）位于河北省定州南门内，始建于北宋咸平四年（公元1001年）。因为其地理位置位于宋辽边境地带，此塔作为城内的制高点，常用于瞭望敌情，所以又名"瞭敌塔"。

开元寺塔结构为楼阁式砖塔，塔身平面为八角形，塔高84米，共建有11层，是我国目前现存最高的古塔。塔心部分有砖砌塔柱，内设登塔梯道，塔底层空间较高，自二层往上层高逐层递减；塔体外部每层设腰檐，采用砖叠涩挑出，腰檐转折线条柔和，与塔体的外轮廓曲线相得益彰，形成了简洁秀美的建筑风格。

（二）苏州报恩寺塔

报恩寺塔（图6-6）位于苏州古城北部，始建于南朝，后于南宋绍兴年间重建。此塔结构为砖木混合结构，塔身平面呈八角形，塔身主体采用砖砌筑双套筒结构，内设有木制梯道用于登塔；塔体外部结构为木质，设有木构平座及腰檐，平座带有栏

图6-5　定州开元寺塔

图6-6　苏州报恩寺塔

杆，塔底层出宽大副阶，副阶及腰檐部分翘角飞檐，体现出了江南地区建筑飘逸、舒朗的风格。

三、祠庙

祠庙建筑这一形式在中国古代建筑当中历史悠久，主要用于祭祀先贤、始祖。在现存的大型寺庙建筑群中，晋祠占有重要的历史地位。

晋祠（图6-7）坐落于山西省太原市南郊悬瓮山麓，起初为奉祀古晋国始祖唐叔虞的祠庙，后于北宋天圣年间（公元1023至1031年）为供奉叔虞之母姜氏而建造了圣母殿，由此开创了晋祠以圣母殿为主体建筑的新布局。

圣母殿作为晋祠的主体建筑，坐西向东，面阔五间，进深四间，周围环绕深一间的回廊，形成"副阶周匝"形式。其屋顶采用重檐歇山顶，屋架结构为殿堂型构架单槽形式。为取得宽阔的前廊空间，做"减柱法"处理，殿身部分四根前檐柱不落地，直接架于梁上，而位于殿身前部正面的门窗槛墙也向内推一间，用以拓宽前廊空间；殿内空间亦无内柱，上架六椽栿通梁，做彻上露明造，以获得高敞、简洁的殿内空间。殿内供有圣母邑姜主像及四十四尊彩色侍女像。

大殿构架用材较大，形制灵活多样，柱身部分有显著的侧脚与生起，屋顶檐口与屋脊部分曲线柔美，体现了北宋时期典型建筑风格。

图6-7　晋祠

第三节　陵墓建筑

一、宋代陵墓制度

宋代陵墓制度与以往历代葬制区别较大。因宋代皇帝为死后营造陵墓，工期有限，故陵寝规模远不及汉、唐等朝代。由于受其时盛行的"五音姓利"阴阳堪舆学说影响，使得陵台大都位于山坡脚，地势普遍低矮，既不利于排水也缺乏气势。

北宋时期诸帝陵寝尚能集中一处，既便于管理、保护，也使得陵区规划整齐；而随着政权的南迁，国力的衰弱，南宋时期的帝陵形制更显简陋。

二、宋八陵

北宋时期有八座皇陵集中建于今河南省巩义市洛河南岸台地上，陵区东南为嵩山，西北为洛水，兆域内除帝后陵寝外还有随葬的宗室及重臣陪葬墓，因其为首次集中营造帝陵的陵区，故被称为"宋八陵"。图6-8所示为宋八陵地理分布图。

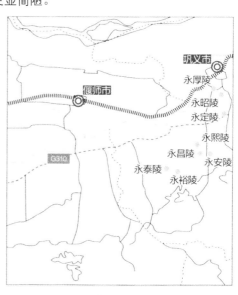

图6-8　宋八陵地理分布图

三、永昭陵

永昭陵是宋仁宗赵祯的陵寝，因其在宋八陵当中形制规模较大，建筑及石刻保存较为完整，可作为宋代皇陵形制的研究对象。其覆斗形陵台东西宽为55米，南北长为57米，高为22米。其四周有神墙，四角建有角楼。神墙四面正中开门，各门外置有石狮一对。从正门向南即为神道，由南向北分设鹊台、乳台各一对，望柱一对以及石像生若干，其中的石刻人物具有较高水准，如图6-9所示。帝陵西北方为后陵，形制与帝陵相似，但尺度较小，其余用于供奉帝后遗容、遗物和祭祀之用的下宫与献殿现已无存。

图6-9　永昭陵石像生

第四节 《营造法式》

　　《营造法式》一书由北宋时期将作监李诫编修完成。他以自己丰富的实践经验结合当时的官式建筑做法，采用图文并茂的形式展现了宋代官式建筑的技术水准与艺术特征。

一、《营造法式》的内容及特点

　　《营造法式》（图6-10）成书于宋元符三年（公元1100年），后于崇宁二年（公元1103年）刊印颁行。全书包括释名、诸作制度、功限、料例、图样五大部分，共计三十六卷，其中有"看详"一卷，"目录"一卷，正文三十四卷。

　　卷一、卷二主要内容为考证和释义；卷三至卷十五详述了土作、石作、大木作、小木作、雕作等各工种的做法和规范；卷十六至卷二十五详细列举了各个工种的劳动定额和计算方法；卷二十六至卷二十八详细描述了各工种的用料定额和工艺做法等相关内容；卷二十九至卷三十四记载着配合上述内容所详细绘制的各种工具图、平面图、剖面图、构件详图以及雕刻与彩画图案。

　　这一建筑典籍主要有以下几个特点：其一是重视工程管理，着力于制定严密的制度、规范等；其二是确定了严密的模数制，在木结构的做法中许多尺寸"皆以所用材之分，以为制度焉"；其三是对各工种的工作量定额与计算方法作出了严格的规定；其四是大量吸收和借鉴了工匠的实践经验，可操作性强，对于工程实务具有较强的指导意义；其五是以大量的图样，与文字描述相配合，对于各种做法、样式能够进行清晰、直观的呈现。

二、《营造法式》的影响

　　《营造法式》是我国现存最早的，保存最为完善的一部建筑技术专著。它为后人了解、研究宋代建筑设计、做法和施工提供了丰富的素材。全书编撰逻辑清晰，具有古代典籍中罕有的科学性。如其中反映出的模数制，即所谓"材分制"，设置科学、严谨，即使清代的《工程做法则例》《营造算例》等建筑书籍中仍在沿用，足见其影响之深远。

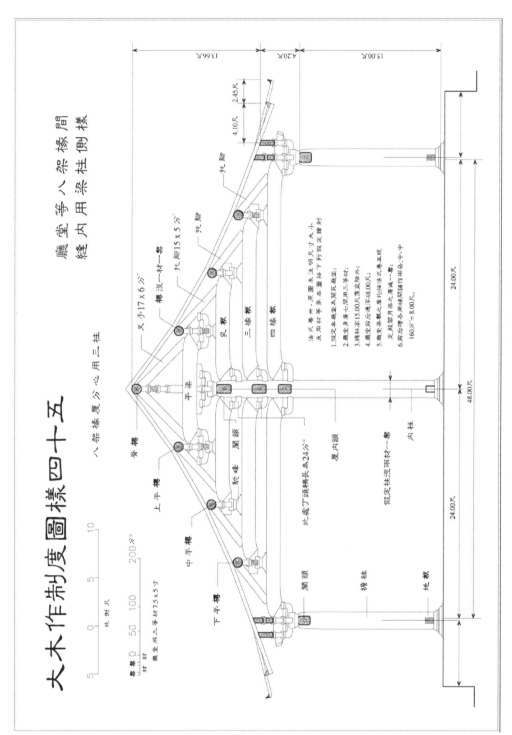

图6-10 《营造法式》中大木作示意图

 **思 考 题**

1. 简述宋代城市规划理念与隋唐时期的区别。
2. 简述宋代建筑理论方面的主要成就。

扫码查看更多图片

 **课后拓展**

结合周边地方政权、国家或地区古城与古代建筑实物遗存相关资料，浅析宋代建筑风格特点、技术水平及其产生的影响。

第七章 元明清建筑

第一节 城市与宫殿

  元、明、清三朝处于我国封建社会的晚期阶段，政治、经济、文化方面的发展都相对缓慢。除明朝外，元、清两朝建筑的成就不高，发展也是异常缓慢。

  元朝统一中国后，由于统治者对于宗教采取兼容并蓄的态度，因此宗教建筑相当发达。特别是藏传佛教（俗称喇嘛教）的盛行，使中原地区也普遍兴建了喇嘛寺庙及喇嘛塔，并且在这些建筑装饰上加入了许多外来元素。

  明朝从开国到灭亡共经历近300年的时间，社会发展相对稳定，明代建筑在继承前朝建筑的基础上发展较大，将中国古代建筑推向了一个更高的水平，是中国建筑发展的又一个鼎盛时期。明朝建筑活动浩大而频繁，建造了规模宏大的南京、北京两大都城，兴建了一大批高质量、高水平的群体建筑和单体建筑。其用砖技术发展显著，为后人留下了不少建筑杰作。

一、元大都

  元代是我国第一个由少数民族统治的中央王朝，元代统治者在进驻中原以后，吸收中原文化的同时保持了一定的蒙古族文化特征。这种综合的特征显现，从建筑方面来说，首先表现在都城与宫殿建筑的营造上。

  元大都（图7-1）是明清皇城的基础，它出自刘秉忠和阿拉伯人也黑迭儿之手。元大都在规划和建设上，继承了宋以前的城市规划经验，是自唐长安以来又一规模巨大、完整的都市。

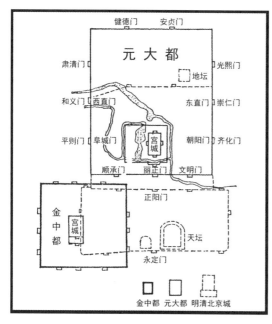

图7-1 元大都平面图

元大都的平面呈长方形，周长为28.6千米，面积约为50平方千米，元大都的干道系统基本上是方格网式，整齐方正。南北向道路贯穿全城，东西向干道则受到居中的皇城和水面阻隔，因而形成了若干丁字街。

元大都新城规划最有特色之处是以水面为中心来确定城市的格局，这可能和蒙古游牧民族"逐水草而居"的传统习惯与深层意识有关。

二、明清北京城

明代北京城利用元大都旧城改建而来，城市格局有很强烈的继承性。随着人口的增加，城市生活重心的转移，明代的北京城区开始逐渐向南推移。明朝初期，首先收缩了北部城墙，放弃了旧城北部约2.8千米纵深的城区。永乐年间，城区向南扩充了一里多，嘉靖年间又在城南修筑了外郭，从而形成了新的城市格局。

明代北京城的布局继承了历代都城的规划传统，将宗法礼制思想贯穿其中。整个都城以皇城为中心，皇城前左（东）建太庙，右（西）建社稷坛，并在城外四方建筑了天、地、日、月四坛。在城市布局艺术方面，重点突出，主次分明，运用了强调中轴线的手法，造成宏伟壮丽的景象。从外城南门永定门直至钟鼓楼构成长达八千米的中轴线，沿轴线布置了城阙、牌坊、华表、桥梁和各种形体不同的广场，辅以两边的殿堂，更加强了宫殿庄严气氛，显示了封建帝王至高无上的权势。

明朝灭亡之后，清朝仍建都北京，城市布局无变化。乾隆以后，在西郊建大片园林宫殿，如圆明园、畅春园等。皇帝多住园中，很少去宫城。清代崇信喇嘛教，因此清代的北京除原有的佛、道教寺院建筑外，还增建了一些喇嘛庙，如城东北的雍和宫等。

北京城市人口在明末已近百万，清代继续增加，超过一百万人。明清北京城平面图（图7-2）近于完整地保存到现代，是我国人民在城市规划建筑方面的杰出创造，也是集我国古代城市优秀传统于大成，更是中华悠久历史与灿烂文化的重要体现。

三、北京故宫

北京故宫亦称"紫禁城"，位于北京市中心，由明朝皇帝朱棣始建，工程历时14年，于永乐十八年（1420年）建成，设计者为蒯祥。它是世界上现存规模最大、保存最为完整的木质结构的古建筑群之一。

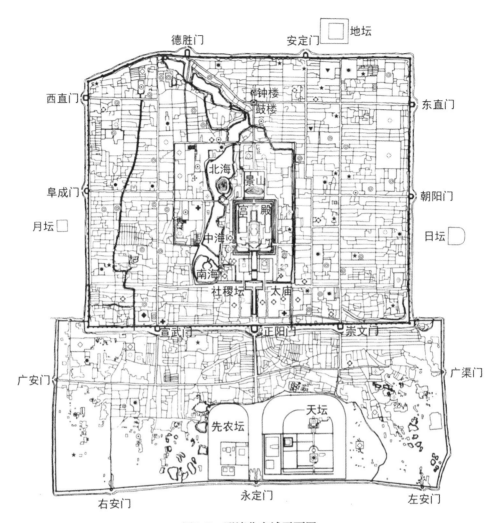

图7-2　明清北京城平面图

　　故宫平面呈长方形，南北长为961米，东西宽为753米，占地72万平方米，建筑面积15万平方米，共有大小院落90多处，房屋有980座，共计8 707间。故宫四面各有一座门，南为午门、北为神武门、东为东华门、西为西华门。其外围筑有高达10米的城墙，四角有角楼，城外还有宽52米的护城河环绕，构成了一个完整的防卫系统。

　　故宫的宫殿沿着一条南北走向的中轴线排列，三大殿、后三宫、御花园都位于这条中轴线上，并向两旁展开，南北取直，左右对称。这条中轴线不仅贯穿在紫禁城内，而且南达永定门，北到鼓楼、钟楼，贯穿了整个城市。

　　故宫的建筑分为外朝和内廷两部分。外朝主要宫殿以太和殿、中和殿、保和殿三大殿为中心，以文华殿、武英殿为两翼，这部分宫殿是封建皇帝行使最高权力的主要场所。内廷由乾清宫、交泰殿、坤宁宫和东西六宫组成，是封建帝王和后妃居住的区域。其平面图如图7-3所示。

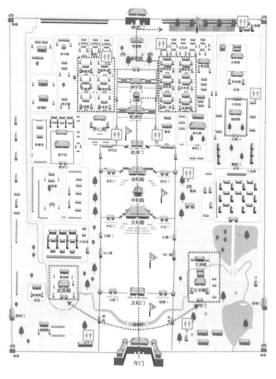

图7-3 北京故宫平面图

（一）午门

午门是北京故宫的正门，平面呈"凹"字形，是从汉代的门阙演变而来，其形制与南京故宫午门保持了一致。午门是皇帝每年冬至颁发来年历书的地方，如遇有战争获胜，则要在此举行凯旋"献俘"仪式。

建筑通高38米，由东、西、北三面城台相连，环抱着一个方形广场。北面正中门楼，面阔九间，进深五间，屋顶形式为重檐庑殿顶。东西城台上各有庑房十三间，从门楼两侧向南排开，形如雁翅，因此也称作雁翅楼。整座午门建筑高低错落，左右呼应，形若朱雀展翅，故午门又有"五凤楼"之称。图7-4所示为午门鸟瞰图。

午门分上下两部分，下为墩台，高12米，正中开三门，两侧雁翅楼下方各有一座掖门，俗称"明三暗五"。墩台两侧设上下城台的马道。五个门洞各有用途：中门为皇帝专用，此外只有皇帝大婚时，皇后乘坐的喜轿可以从中门进宫，通过殿试选拔的状元、榜眼、探花，在宣布殿试结果后可从中门出宫。东侧门供文武官员出入。西侧门供宗室王公出入。两个掖门只在举行大型活动时开启。

（二）太和殿

太和殿（图7-5），俗称金銮殿，是故宫中体量最大、等级最高的建筑物，也是中国现存最大的木结构宫殿建筑。它面阔十一间，进深五间，长为64米，宽为37米，建筑面积为2 377平方米，大殿耸立在三层汉白玉须弥座台基之上，连同台基通高35米。

太和殿之上为建筑形式最高的重檐庑殿顶，屋脊两端安有高3.4米、重约4 300千克的大吻。两层重檐上共有八条垂脊，每一条垂脊上均有仙人和形象各异的瑞兽装饰11个，依次为骑凤仙人、龙、凤、狮子、天马、海马、狻猊、狎鱼、獬豸、斗牛、行什。这在中国宫殿建筑史上是独一无二的，显示了至高无上的重要地位。

太和殿是举行大典的地方，明、清两代皇帝登基、宣布即位诏书，皇帝大婚，册立皇后，命将出征，每年元旦、冬至、万寿（皇帝生日）等节日都要在此受百官的朝贺及赐宴。

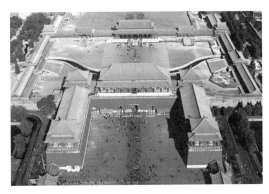

图7-4　午门鸟瞰图

图7-5　太和殿

第二节　住宅建筑

一、元明清住宅建筑的特征

元朝疆域辽阔，民族众多，居住形式也较为多样。蒙古族在大举进入中原以前，因游牧经济占主导，因此，住宅形式大多为毡帐，以方便迁徙。元朝建立后，蒙古族散布在国内广大区域，形成与汉族及其他民族杂居共处的局面。随着居住环境、政治形势和社会经济变化，其建筑形式、居住理念和风尚也不断发生演变。

总的来说，元朝的住宅制度比较自由、宽松，住宅形式也较为复杂和多样化，大致可以分为南北两大区域。北方住宅多受元大都住宅的影响，群体建筑出现无轴线的自由布局倾向。通过对元大都后英房胡同遗址的挖掘发现，其主院正房建在台基上，前出轩廊，两侧立挟屋，后有抱厦，东院正房是一座平面为工字形的建筑，即南北屋由中间柱廊连接。南方蒙古族的住宅建筑形式，主要继承了宋代建筑形式，很多规定也承袭宋代。例如，对住宅的称谓也分等级，并限制平民在衔脊上设置瓦兽等。

明代住宅早期深受制度的制约，形式严谨规整。元代住宅中复杂的平面开始被取代，悬山顶为常见形式，平面多为单纯的一字形。其建筑群也以严正的中轴线进行组合，辅助建筑采用拱围的手法作对称分布。绍兴吕府便是这种布局的典型例证。到了明代中后期，住宅制度逐渐宽松，伴随着技术进步，住宅形式渐趋奢侈，大型住宅在横向上出现自由布局的做法，住宅中局部还进行园林化的处理。

清代人口快速增长，住宅设计开始朝着节约用地的方向发展，单层独院式的传统民居开始得到改进。清朝中后期，北方住宅取消了前堂、穿廊、后寝连在一起的工字形平面布局，代之以正房、厢房、抄手游廊组成的四合院式布局。南方住宅多为连排式，彼此共用山墙，屋檐和屋脊相互联通，形成一长串民居，建筑密度很高。除此之外，各地区因人口、气候和环境的不同，住宅面貌多种多样，各有特点。

二、北京四合院

四合院是中国北方的传统民居，其总的特点是以院落（或天井）为核心，依照外实内虚的原则和中轴对称格局规整地布置各种用房。北京四合院是最为典型的中国汉族传统民居的优秀代表。

自元朝大规模规划建设元大都开始，北京四合院就与北京的宫殿、衙署、街区、坊巷和胡同同时出现了。因为北京的胡同多是东西走向，所以四合院一般建造在胡同南北两侧，而且院内北房都是坐北朝南的正房，只是院门开设的位置不同。图7-6所示为北京四合院示意图。

三进院落的四合院是明清时期最标准的四合院结构，其布局最为合理、紧凑，也是老百姓最常采用的形式。住宅大门通常不设置在中轴线上，而是开在东南角，大门的建筑形制往往体现着主人的财富及社会地位。从大门进去往往迎面建有影壁，隔绝外部视线，私密性很好。通过大门往西可进入前院，院南设有一排倒座房，一般作为外客厅、账房等。

前院正中设立有进入内宅的宅门，一般为垂花门（图7-7），垂花门过去就是面积很大的中院。院内种树种花。院北为正房，清代规定正房面阔不能超过三间，其中间为正厅，供全家活动、待客之用，两边套间条件较好，一般作为长辈居住的房间。正房的两侧还各有一间或两间进深、高度都偏小的耳房，作为辅助房间。中院两侧为东厢房和西厢房，供晚辈居住。院子四周用抄手游廊和穿山游廊联系起来。游廊不仅有通行功能，还丰富了内宅建筑的层次和空间。

中院后方为第二进中院，同样布置正房及两侧厢房，用来居住使用。四合院最北边建有一排后罩房，并在后罩房西侧留一间作为后门通往胡同。北京四合院的布局充分体现了中国传统民居的家庭观念和东方的伦理道德。

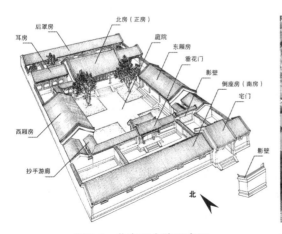

图7-6　北京四合院示意图

图7-7　北京四合院垂花门

三、徽州住宅

徽州住宅（图7-8）是明代住宅中最具代表性的住宅。古代徽州按风水选择村址，民居建筑群常灵活排布在山腰、山脚或山麓，村镇随地形和道路方向逐步发展，大都依山傍水或靠山近田。

图7-8　徽州住宅

徽州住宅建筑以楼层为主，一般为封闭庭院式住宅。其规模不大，多是以一家一宅为单位的小型住宅，大型住宅数量较少。徽州住宅建筑主要是方形或矩形的四合院、三合院，大多为二层。整体布局紧凑，装饰华美。正房朝南面宽三间，单侧厢房或两侧厢房，用高大墙垣包绕，庭院狭小成为天井，楼下明间为客厅，以次间作为主房。

徽州的木雕、砖雕、石雕是徽州古建筑中的最精华的部分。在徽州，无论是古民居、祠堂或牌坊，都处处雕饰着精美图案。砖雕大多镶嵌在门罩、窗楣、照壁上，在大块的青砖上雕刻着生动逼真的人物、虫鱼、花鸟及八宝、博古和几何图案，极富装饰效果。木雕在古民居雕刻装饰中占主要地位，表现在月梁头上的线刻纹样，平盘斗上的莲花墩、屏门隔扇、窗扇和窗下挂板、楼层拱杆栏板及天井四周的望柱头等。木雕内容广泛，题材众多。石雕主要表现在祠堂、寺庙、牌坊、塔、桥及民居的庭院、门额、栏杆、水池、花台、漏窗、照壁、柱础、抱鼓石、石狮等上面。其内容多为象征吉祥的龙凤、仙鹤等，主要采用浮雕、透雕、圆雕等手法，质朴高雅，浑厚潇洒。

第三节　园林建筑

元、明、清三个朝代的园林建筑各有特色。元代文化摆脱了理学思想的束缚，多了追求"自在"和"随意"的意味，其园林风格多为怡情养性的写意式山水园林。自明代以来，官僚、富商皆喜爱建造观赏性的小型私家园林。到了清代，园林建造迎来发展的高潮，兴建了一大批皇家园林，是中国古典园林艺术的集大成时期。

一、皇家园林

元、明两朝，皇家造园活动相对地处于迟滞的局面，除元朝大都御苑"太液池"在明代被扩建为"西苑"外，几乎没有其他建设活动。

由于清朝定都北京后，完全沿用明代的皇城宫殿，因此皇家建设的重点就很自然地转到了园林方面。加之清朝的王公贵族很不习惯北京城内炎夏溽暑的气候，提出择地另建"避暑宫城"的拟议。待到康熙中叶政局稳定、国力稍裕时，便在北京西北郊和热河今承德，相继营造皇家园林。到乾隆盛世，进一步扩建、新建，在北京西北郊最后建成三山五园和承德避暑山庄，集中体现了皇家园林的主要特色。

（一）颐和园

颐和园（图7-9）坐落在北京西郊，距城区15千米，与圆明园毗邻。它是以昆明湖、万寿山为基址，以杭州西湖为蓝本，汲取江南园林的设计手法而建成的一座大型山水园林，也是保存最完整的一座皇家行宫御苑。

颐和园前身为清漪园，于乾隆二十九年（1764年）建成。咸丰十年（1860年），清漪园被英法联军大火烧毁。光绪十年至二十一年（1884年至1895年），慈禧太后为退居休

图7-9 颐和园

养，以光绪帝名义下令重建清漪园，并改名为颐和园。

颐和园的面积达290公顷（4 350亩），由昆明湖和万寿山两部分组成，其中，水面约占整体面积的3/4。整个园林以万寿山上高达41米的佛香阁为中心，根据不同地点和地形，配置了殿、堂、楼、阁、廊、亭等精致的建筑。整个园林艺术构思巧妙，在中外园林艺术史上地位显著，是举世罕见的园林艺术杰作。

（二）圆明园

圆明园是清代大型皇家园林，它坐落在北京西北郊，由圆明园、长春园和绮春园组成，所以也叫圆明三园。圆明园总面积共350余公顷（5 200多亩），建筑面积达20万平方米，共设150余处景点，有"万园之园"之称。圆明园规模之大、内容之丰富均为清代三山五园的首位。图7-10所示为圆明园平面图。

圆明园汇集了当时江南若干名园胜景的特点，融中国古代造园艺术之精华，以园中之园的艺术手法，将诗情画意融化于千变万化的景象之中。圆明园的南部为朝廷区，是皇帝处理公务之所，其中最著名的景点为上朝听政的正大光明殿。其余地区则分布着40个景区，其中有50多处景点直接模仿外地的名园胜景，如杭州西湖十景、苏州狮子林，不仅模仿建筑，连名字也照搬过来。

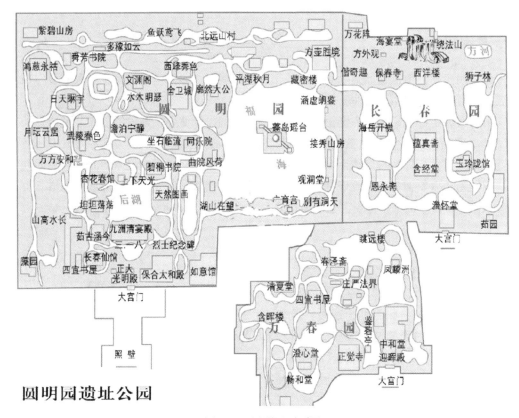

图7-10　圆明园平面图

　　圆明园中还建有西洋式园林景区。由传教士郎世宁和蒋友仁设计并督造，堪称中西合璧的经典。其建筑以巴洛克建筑风格为主，外形壮观华丽。主要建筑物包括谐奇趣、方外观、大水法、海晏堂、远瀛观等，其中以海晏堂中十二生肖喷泉报时景观最为壮观。

　　公元1860年10月6日，英法联军侵入北京，闯进圆明园，对其进行了疯狂的洗劫。为了销毁罪证，10月18日，3 500名侵略军冲入圆明园，纵火焚烧圆明园，大火烧了三天三夜不灭，烟云笼罩北京城，久久不散。我国这一园林艺术的瑰宝、建筑艺术的精华就这样化成了一片灰烬，其遗址如图7-11所示。

图7-11　圆明园遗址

二、私家园林

明清的私家造园活动遍及全国各地，在一些少数民族地区也有相当数量的私家园林建成，从而出现各地不同的地方风格。在这些众多的地方中，江南、北方和岭南三地的风格最为成熟。这三大地方的建筑风格集中地反映了民间造园艺术成熟后期所取得的主要成就，也是这个时期的私家园林的精华所在。

网师园（图7-12）是苏州典型的府宅园林。其始建于南宋时期，后废。至清乾隆年间，退休的光禄寺少卿宋宗元购之并重建，定园名为"网师园"。其现有面积约10亩（1亩≈666.7平方米）（包含住宅），其中园林部分占地约8亩余。内花园占地5亩，水池447平方米。虽然总面积不及拙政园的六分之一，但小中见大，布局严谨，主次分明又富于变化，园内有园，景外有景，精巧幽深之至。建筑虽多却不见拥塞，山池虽小却不觉局促。网师园布局精巧，结构紧凑，以建筑精巧和空间尺度比例协调而著称，是江南私家园林的代表作品。

图7-12 苏州网师园

第四节 宗教及祭祀建筑

一、佛教建筑

在元代，佛教受到统治者的大力扶持，因此发展迅速。在汉人为主的地区，除帝王和皇室成员所建造的喇嘛教寺庙外，其余大多为禅宗佛寺。在西藏，由于元朝政府的支持，喇嘛教中萨迦派取得了地方领导权，形成了政教合一的制度，从而大大促进了佛教及佛教建筑在西藏的发展。

元末明初，西藏地区进行了宗教改革，格鲁派兴起，并在藏族社会取得了绝对优势。藏传佛教开始从西藏往滇北、川西、青海、甘肃和蒙古等地传播。

明朝建立后，鉴于元代崇奉喇嘛教的流弊，转而支持汉地传统的佛教各宗派，并对佛教有意加以整顿。这一时期喇嘛教在内地日渐衰落，而禅、净、律、天台、贤首诸宗则逐渐恢复发展，其中仍以禅宗最为兴盛。

清朝对于佛教的政策几乎完全继承明代。在管理方面，清朝统治者仿照明代僧官制度，在京设立僧录司，所有僧官都经礼部考选，由吏部委任。在西藏、蒙古地区，清朝统治者采用"怀柔"的政策，支持藏传佛教的发展，并册封达赖，广建寺院。其中，以布达拉宫最为著名。

布达拉宫（图7-13）坐落于中国西藏自治区的首府拉萨市区西北玛布日山上。其是一个集宫殿、城堡和寺院于一体的宏伟建筑。其前身是红山宫，是吐蕃赞普松赞干布为迎娶唐朝文成公主而修建的，后来红山宫因遭雷击和战乱被毁。清朝入关后，掌握西藏政教大权的达赖五世入京朝贺，顺治帝正式赐予他"达赖喇嘛"的封号。达赖五世回藏后，下令重建这座宫殿，并改称布达拉宫。达赖五世圆寂后，布达拉宫再次扩建，康熙帝特派114名汉、满工匠进藏，参加扩建工作，逐渐形成今天的面貌。

图7-13　西藏布达拉宫

布达拉宫占地10万余平方米，建筑面积为13万多平方米，主楼高为115米，外观13层，内为9层，东西长为420米，内有房屋近万间。整个建筑群由白宫、红宫、华丽的大小经堂、佛堂等组成。布达拉宫的宫殿全部用花岗岩垒砌，宫殿厚3米左右，最厚处达5米，墙基深入岩层，部分墙体的夹层内还灌注了铁汁，以增强建筑的整体性和抗震能力。

白宫、红宫皆是因为建筑外墙颜色而得名，各自都由主楼、庭院和围廊等组成。其中，白宫分东、西两部分，两者布局相仿，西日光殿是早期修筑的达赖喇嘛的起居宫，位于西白宫顶层。东日光殿是十三世达赖喇嘛晚年扩建的起居宫，位于东白宫顶层。东大殿是白宫主殿，也是白宫最大的殿，殿长为27.8米，宽为25.8米，面积为700多平方米。内设达赖宝座，上方悬挂清同治皇帝御书"振锡绥疆"匾额。布达拉宫的重大活动如达赖坐床典礼、亲政典礼等都在此举行。

红宫位于布达拉宫的中央位置。红宫中的法王殿和圣者殿相传都是吐蕃时期遗留下来的建筑。法王殿处在布达拉宫的中央位置，它的下面就是玛布日山的山尖。据说这里曾经是松赞干布的静修之所，现供奉着松赞干布、赤尊公主、文成公主及大臣们的塑像。红宫采用了曼陀罗花的造型布局，围绕着历代达赖的灵塔殿建造了许多经堂、佛殿。红宫最主要的建筑是历代达赖喇嘛的灵塔殿，共有五座，分别是五世、七世、八世、九世和十三世。

布达拉宫依山垒砌，群楼重叠，殿宇嵯峨，气势雄伟。它坚实墩厚的花岗石墙体，松茸平展的白玛草墙领，金碧辉煌的金顶，以及具有强烈装饰效果的巨大鎏金宝瓶、幢和红幡，交相辉映，满目都是红、白、黄三种色彩的鲜明对比。总之，布达拉宫的建筑艺术，是数以千计的藏传佛教寺庙与宫殿相结合的建筑类型中最杰出的代表，在中国乃至世界上都是绝无仅有的例证。

二、道教建筑

元朝统治者对宗教信仰采取了宽容的政策，对道教也非常尊重，设立了集贤院对道教进行管理。当时的道教有多个教派，主要有全真、正一、大道（后改名为太真）及太一四大教派，其中又以全真教地位最高，发展最快，势力最强。

到元朝末期，道教各派呈现合流的趋势，形成了北方以全真道为代表，南方以正一道为中心的格局。至明清时期，道教随着中国传统社会进入晚期而日益衰微。

许多道观兴建于元代，如福建泉州东岳寺、河北曲阳北岳寺、山西洪洞水神庙、山西芮城永乐宫等。

永乐宫（图7-14）又名纯阳宫，位于山西省芮城县永乐镇，是为奉祀中国古代道教"八洞神仙"之一的吕洞宾而建，是元代道教建筑的典型代表。该宫于元代定宗贵由二年（1247年）动工兴建，元代至正十八年（1358年）竣工。

图7-14 山西芮城永乐宫

现存的永乐宫为一狭长的南北向地形，由宫门、龙虎殿、无极殿、纯阳殿、重阳殿五座建筑物组成。除山门为清代建筑外，其余四座均为元代原物。它们自南向北依次排列在一条中轴线上，东西两面不设配殿等附属建筑。宫宇规模宏伟，布局疏朗，在建筑构件规制上参照了宋代"营造法式"的正规做法，在建筑结构上采用了辽金时期的"减柱法"，形成了自己独特的风格。

永乐宫的四座大殿内布满了精美壁画，总面积达960平方米，题材丰富，画技高超。它继承了唐、宋以来优秀的绘画技法，又融汇了元代的绘画特点，形成了永乐宫壁画的可贵风

图7-15 永乐宫壁画

格，成为元代寺观壁画中最为引人注目的作品，如图7-15所示。

永乐宫在建筑结构和形制上，不仅继承了宋、金时代的某些传统，而且还大胆地做了一些革新和创造，为后代建筑技术的发展开辟了新的途径。永乐宫是我国建筑史上不可多得的实物例证。

三、天坛

天坛位于北京市东城区永定门内大街东侧，占地约为273万平方米。其始建于明永乐十八年（1420年），清乾隆、光绪时曾重修改建。其为明、清两代帝王祭祀皇天、祈五谷丰登之场所，如图7-16所示。

天坛是圜丘、祈谷两坛的总称。天坛外有内、外两重垣墙，形似"回"字，隔为内外坛。其内外垣墙南侧转角皆为直角方形，北侧转角皆为圆弧形，寓意"天圆地方"，俗称天地墙。外垣墙周长为6 553米，南北墙距1 657米，东西墙距1 703米。外垣墙东、南、北三面原制无门，西墙上有两座

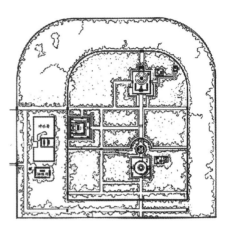

图7-16 天坛平面图

门。内垣墙周长为4 152米，墙高为3.5米，辟有六座门。内外垣墙原为土墙，清乾隆十二年（公元1747年）改土墙为城砖包砌，从而更加厚重壮观。

在建筑布局方面，只有有神乐署（原有牺牲所、钟楼等）建于外坛西墙内，其他主要建筑都集中于内坛。内坛共有三组建筑群，即南侧圜丘坛建筑群、北侧祈谷坛建筑群和西侧斋宫建筑群，它们在平面上组成了"品"字形的建筑空间格局。圜丘坛和祈谷坛分别建造于内坛的南北中轴线上，圜丘坛在南，祈谷坛在北，各自有围墙相隔。两坛之间由丹陛桥连接，桥长为360米，宽为30米，上有三条石道，地势北高南低。圜丘坛内主要建筑有圜丘坛、皇穹宇等，祈谷坛内主要建筑有祈年殿（图7-17）、皇乾殿、祈年门等。

图7-17 天坛祈年殿

天坛面积宽广，气势宏大，建筑集中，在主体建筑周围密植松柏，使中心祭坛苍翠环绕，形成一种庄重、肃穆、宁静、纯洁的祭坛氛围。坛内还有巧妙运用声学原理建造的回音壁、三音石、对话石等，充分显示出古代中国建筑工艺的高超水平。天坛不仅是中国众多祭祀建筑中最具代表性的作品，同时也是中国古代文化的杰作。

四、太庙

太庙（图7-18）位于北京市天安门广场的东北侧，是明、清两代皇帝祭奠祖先的家庙。其始建于明永乐十八年（1420年），占地200余亩，是根据中国古代"敬天法祖"的传统礼制建造的。太庙的平面呈长方形，南北长为475米，东西宽为294米，共有三重围墙，由前、中、后三大殿构成三层封闭式庭院。

图7-18 北京太庙

太庙的主体建筑为三大殿，即享殿、寝殿、祧庙，俗称大殿、二殿和三殿。大殿对面是大戟门。大戟门外是玉带河与金水桥，桥北面东、西各有一座六角井亭，桥南面为神厨与神库。再往南是五彩琉璃门，门外的东南有宰牲房、治牲房和井亭等。

太庙大殿耸立于整个太庙建筑群的中心，建筑面阔十一间，进深四间，建筑面积达2 240平方米。其屋顶形式为等级最高的重檐庑殿顶，下有三重汉白玉须弥座式台基，四周围有石护栏。殿内的主要梁栋外包沉香木，其他的建筑构件均为名贵的金丝楠木。天花板及廊柱皆贴赤金花，制作精细，装饰豪华。

太庙是世界上现存最大、最完整的祭祖建筑群。它位于北京故宫中轴线东侧，西侧是社稷坛。这种对称布局清晰地反映了《周礼·考工记》中关于古代王城"左祖右社"的建筑规制。

第五节　陵墓建筑

一、元明清陵墓制度

元朝皇家实行密葬制度，即帝王陵墓的埋葬地点不立标志、不公布、不记录在案，因此，中国境内至今未发现一座元代皇家陵墓。

朱元璋建立明朝后，恢复了唐宋帝陵"依山为陵"的旧制，并且对旧的陵寝制度做出了重大改革。改革的具体内容如下。

首先，采用了宝城宝顶的封土形式。在地宫上方，砌成圆形或椭圆形围墙，内填黄土夯实，顶部做成穹隆状。圆形围墙称为宝城，高出围墙的穹隆状圆顶称为宝顶，在宝城前的城台上建"方城明楼"。

其次，废止上下宫制度。取消了秦汉两宋陵园中的下宫建筑，保留和扩展谒拜祭奠的上宫建筑，并取消陵寝中留居宫女以侍奉亡灵起居的制度。

另外，陵园的围墙由唐宋时的方形改为长方形。陵园由南向北分为三个院落：第一个院落由碑亭、神厨、神库组成；第二个院落是祭殿和配殿；第三个院落是埋葬皇帝的地方，设有牌坊、五拱座、方城明楼和宝城宝顶。

随着南方园林建筑艺术的发展，明代陵园建筑的艺术风格比以前历代都有较大的突破，形成了由南向北、排列有序的相对集中的木结构建筑群，这是明代陵寝制度的一个显著特点。

明孝陵是明太祖朱元璋与皇后的合葬陵，位于江苏省南京市。明成祖迁都北京以后的明代诸皇帝的陵墓区大都集中在北京的天寿山，统称为"明十三陵"。

清朝入关前的帝王葬在沈阳的清北陵，其规模很小；清朝入关以后的十个皇帝，除末代皇帝溥仪没有设陵外，其他九个皇帝分别在河北遵化市和易县修建了规模宏大的陵园。由于两个陵园各距北京市区东、西一百里左右，故称"清东陵"和"清西陵"。其规制基本沿袭明代，所不同的是陵冢上增设了月牙城（哑巴院），供清明节祭祀时皇帝行覆土礼。

二、明十三陵

明十三陵位于北京市昌平区天寿山南麓。陵区东、西、北三面环山，南北约为9千米，东西约为6千米，形成一个环抱围合的环境，其间散布着13座明代帝王陵墓；其平面图如7-19所示。

明十三陵自明永乐七年（1409年）开始营建，至崇祯十七年（1644年）明朝灭亡，历经二百余年，营造工程从未断过。13座皇陵既是一个统一的整体，各陵又自成一个独立的单位，陵墓规格大同小异。每座陵墓分别建于一座山前。陵与陵之间的距离少至0.5千米，多至8千米。除思陵偏在西南一隅外，其余均成扇面形分列于长陵左右。

在中国传统风水学说的指导下，十三陵从选址到规划设计，都十分注重陵寝建筑与大自然山川、水流和植被的和谐统一，追求形同"天造地设"的完美境界，用以体现"天人合一"的哲学观点。明十三陵作为中国古代帝陵墓的杰出代表，展示了中国传统文化的丰富内涵，如图7-20所示。

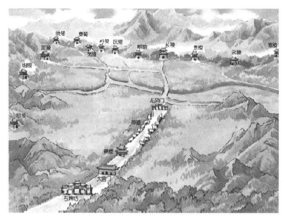 

图7-19　明十三陵平面图　　　　　　图7-20　明十三陵鸟瞰图

三、清东陵

清东陵位于河北省唐山市遵化市西北30千米处，西距北京市区125千米，占地80平方千米。清东陵于顺治十八年（1661年）开始修建，到光绪三十四年（1908年）建成慈禧皇太后的菩陀峪定东陵为止，历时247年，陆续建成217座宫殿牌楼，组成大小15座陵园。陵区南北长12.5千米、宽20千米，埋葬着5位皇帝、15位皇后、136位妃嫔、3位阿哥、2位公主共161人。清东陵如图7-21所示。

清东陵严格按照封建社会的礼制观念进行设计。入关第一帝——世祖顺治

图7-21　清东陵平面图

皇帝的孝陵位于南起金星山，北达昌瑞山主峰的中轴线上，其余皇帝陵寝则以孝陵为中轴线按照"居中为尊""长幼有序""尊卑有别"的传统观念依山势在孝陵的两侧呈扇形东西排列开来。各陵按规制营建了一系列建筑，总体布局为前朝后寝，将"百尺为形，千尺为势"的审美思想贯穿于每一座陵寝建筑中。

清东陵的各陵区均由宫墙、隆恩殿、配殿、方城明楼及宝顶等建筑构成。其中，方城明楼为陵园最高的建筑物，内立石碑，碑上以汉、满、蒙三种文字刻写墓主的谥号；明楼之后为宝顶，其下方是停放灵柩的地宫。在各陵区中，皇后陵和妃园寝都建在本朝皇帝陵的旁边，表明了它们之间的主从、隶属关系。皇后陵的神道都与本朝皇帝陵的神道相接，而各皇帝陵的神道又都与陵区中心轴线上的孝陵神道相接，从而形成了一个庞大的枝状系。

清东陵是中国封建皇陵的集大成者，是中国古代劳动人民智慧的结晶，它综合体现了中国传统的风水学、建筑学等文化，具有重要的历史价值、艺术价值和科学价值，是中华民族和全人类的文化遗产（图7-22）。

图7-22　清东陵鸟瞰图

思考题

1. 简述元代宗教建筑的特点。
2. 请列举分析明代墓葬制度的变化。

扫码查看更多图片

课后拓展

天坛的部分建筑中存在特殊的声学现象，建筑师为什么这样设计？

第八章 近现代建筑

第一节 近代建筑

　　1840—1842年中、英两国之间爆发的鸦片战争，使封建社会的中国变成了半殖民地半封建的国家，中国近代史由此开始。中国近代建筑所指的时间范围正是从1840年鸦片战争开始，到1949年中华人民共和国成立为止。这一时期的建筑由于中西文化的不断冲突与碰撞，呈现出多元化与多样化的面貌，是我国建筑发展史上一个急剧变化的历史阶段。

一、近代建筑历史分期

　　我国近代建筑从时间上看，大致可以分为萌芽期、发生期、繁盛期和停滞期四个时期。

（一）萌芽期（1840—1895年）

　　鸦片战争后，伴随着诸多不平等条约的签订，中国被迫向西方列强开放商埠，割让和租借土地。从1842年开放广州、上海、宁波、厦门、福州五个通商口岸开始，到1894年甲午战争前，全国共开放商埠达数十处。

　　通商口岸的设置，打开了中国的大门，华夏大地出现了"国中之国"的现象。一些租界和外国人居留地逐渐形成了新的城区，外国人在这些新城区内建造了教堂、领事馆、银行、商店、工厂、住宅、医院、学校等建筑，涵盖了古希腊、古罗马、文艺复兴、哥特等多种西式建筑风格，被我国百姓统称为"洋房"，如图8-1所示。

这一时期，清王朝重建了清漪园（后改名颐和园），图8-2所示为颐和园中的清晏舫，并在河北修建了最后几座皇陵。随着封建王朝的衰落和崩溃，帝王宫殿、园囿的建筑历史宣告结束。中国古代的木构架建筑体系在民间建筑中得以延续，占据着主流位置，并受到新建筑体系的影响而出现若干局部的变化。

（二）发生期（1895—1919年）

1894年，中、日两国之间爆发了甲午战争，1895年日本强迫清政府签订《马关条约》，至此，中国大门完全向西方打开，半殖民地化程度大大加深。

这一时期，帝国主义国家纷纷在我国开设银行，开办工厂，开发矿山，并相互争夺铁路的修建权及控制权。火车站建筑在中国崭露头角，厂房建筑和银行建筑也逐渐增多。例如，1903年建成旅顺火车站（图8-3）；1904年建成哈尔滨中东铁路管理局办公楼和哈尔滨火车站；1905年建成青岛德国总督公署；1910年建成大连横滨正金银行大连支行；1912年建成胶济铁路济南火车站（图8-4）。

图8-1　广州十三行商馆

图8-2　颐和园中的清晏舫

图8-3　旅顺火车站

图8-4　济南火车站

1914年开始的第一次世界大战，为中国的民族资本主义的发展赢得了机遇，使中国的民族工业出现了前所未有的繁荣景象。在这个时期，中国近代建筑的各种类型都已齐备，天津、汉口、广州、青岛、大连、哈尔滨等城市的重点建筑，在设计和施工质量等方面均达到了世界先进水平，中国近代新建筑体系初步形成。

（三）繁盛期（1919—1937年）

1927年，南京国民政府成立，结束了军阀混战的局面，中国迎来了十年经济发展相对稳定的时期。1929年国民政府制定了《首都计划》和《大上海都市计划》，由此展开了一系列建筑活动。国民政府大力提倡"中国固有之形式""中国式建筑"，使建筑领域出现了一个兴建中国古典建筑形式的高潮，如广州中山纪念堂（图8-5），中国第二历史档案馆（原国民党中央党史史料陈列馆）（图8-6）都是这个时期的建筑。

这一时期，上海、天津等租借区发展快速，大城市涌现出建设高层建筑的热潮，例如1929年建成的上海沙逊大厦；1931年建成的上海百乐门舞厅（图8-7）；1933年建成的大光明电影院。

20世纪20年代末，中国赴欧美和日本学习建筑的留学生人数众多，这些留学生回国后，纷纷成立了建筑师事务所，开创了中国近代的建筑教育事业。1927年成立了中国建筑师学会和上海市建筑协会，1929年成立了中国营造学社。在近代中国的建筑师中，杨延宝、梁思成、刘敦帧、吕彦直、童寯等人影响较大，对中国近代建筑的发展起到了重要的推进作用。

图8-5　广州中山纪念堂

图8-6　中国第二历史档案馆

图8-7　上海百乐门舞厅

（四）停滞期（1937—1949年）

1937年，日本在中国发动卢沟桥事变，拉开了中华民族全面抗战的序幕。在1945年日本投降后，我国国内又进行了三年的解放战争。在战争的影响下，我国的建筑业异常萧条，建筑活动急剧减少，使近代建筑处于发展的停滞时期。

二、近代建筑类型

图8-8　圆明园西洋楼复原建筑

在鸦片战争之前，清政府的闭关锁国政策阻碍了西方建筑文化的传入。在当时的中国，除北京圆明园的西洋楼（图8-8为圆明园西洋楼复原建筑）、广州十三行商馆及一些地方由外国传教士建造的教堂之外，西式建筑在中国非常罕见。在传统的中国建筑中，类型较为有限，各类建筑的形制和外观都十分相似。

鸦片战争之后，各种形式的西方建筑在中国土地上陆续出现，中国近代建筑的类型也随之丰富起来。由于发展上的不平衡等原因，近代中国城市和建筑呈现出新旧两大建筑体系并存的局面。新的建筑类型主要集中在租界和大城市的新城区内，而中国的广大农村、集镇和各城市的旧城区依然采取传统的建筑形式，并在数量和空间上占据主流。

（一）居住建筑

近代中国的居住建筑大体上可以分为以下三种类别。

（1）传统住宅的延续发展。这类建筑保持了传统民居的基本形态，分布范围极广。

（2）从西方国家传入和引进的新型住宅。这类住宅有独户型、联户型、多层公寓和高层公寓，是当时西方各国流行住宅在中国的移植和复制，主要分布在大中城市的优质地段，住户阶层多为军阀、官僚、买办和资本家等。

（3）传统住宅受外来建筑影响而糅合、逐步演进成的新住宅类型。这类住宅主要有里弄（图8-9）、居住大院、竹筒屋、骑楼铺屋等形式，其反映出中西建筑文化的交汇及融合情况。

（二）公共建筑

20世纪初，在中国大中城市都先后出现了商贸、行政、会堂、文化、教育、医疗、交通等公共建筑新类型。近代中国公共建筑与居住建筑一样，也是沿着自身演化和外来引进两条道路发展而来。

商贸建筑是公共建筑中发展得比较突出的类型，其包含银行、海关（图8-10）、商店、饭店、夜总会等。行政、会堂建筑主要是指外国的领事馆、工部局、提督公署和清政府的新式衙署、谘议局等建筑。近代文化、教育、医疗建筑有的与外国教会活动联系密切，一些大学的校园规划和建筑活动极具特色，引人瞩目。

图8-9　老汉口里弄

图8-10　武汉江汉关大楼

（三）工业建筑

近代中国工业建筑同样是沿着传统改造和外部引入两条途径发展而来，其具体表现为厂房空间和结构的变化及演进。20世纪30年代，中国已经具有各类工业建筑，总体上可以分为以下三种类型。

（1）木构架厂房。此类建筑主要沿用中国传统手工作坊的形制，在近代工业兴起的前期最为常见，如1867年建成的天津机器局。

（3）砖木混合结构厂房。这类厂房是19世纪下半叶大中型厂房普遍采用的形式，如建于1866年的福州船政局和建于1898年的南通大生纱厂。直到20世纪，中小型工厂也依然沿用这种结构。

（3）钢筋混凝土结构和钢结构厂房。20世纪初，钢筋混凝土结构首先被单层纺织厂房采用，后建造的多层厂房的形式也普遍为钢筋混凝土结构。钢结构厂房在20世纪20—30年代也已被机器厂、纺织厂等工厂普遍采用。

由于战争等因素，中国近代的工业建筑在20世纪30年代以后发展近乎停滞，技术水平在世界上开始大幅度落后。

三、近代建筑经典实例

（一）上海沙逊大厦

上海外滩南京路口的沙逊大厦（现称和平饭店），是旧上海闻名的地标性建筑，曾被誉为"远东第一楼"，如图8-11所示。这座大厦由英商公和洋行设计，平面图为A字形，全部为钢筋混凝土结构。从1926年4月破土兴建，至1929年9月5日全部落成。

沙逊大厦建筑面积为36 317平方米。大厦高10层，局部13层，是当时上海最高的建筑，也是全上海第一栋在真正意义上突破10层的摩天大楼。它最引人注目的是塔楼上方有一个高达19米的墨绿色金字塔形屋顶，如图8-12所示。

图8-11 上海沙逊大厦

图8-12 上海沙逊大厦局部

大厦建筑造型具有装饰艺术风格的特征，建筑外部用花岗石饰面，通过建筑线条显示简洁明朗的特点。内部由旋转厅门而入，大堂地面用乳白色意大利大理石铺成，顶端有古铜镂花吊灯，豪华典雅。

（二）南京中山陵

图8-13 南京中山陵

中山陵（图8-13）是中国伟大的民主革命先行者孙中山先生的陵墓，位于南京市东郊紫金山南麓。中山陵坐北朝南，前临平川，背靠青山。其建筑采用依山为陵的形式，墓室建在海拔158米的山顶最高处，从牌坊到墓道，高度相差70多米，平面距离700多米，显得十分雄伟壮丽。

1925年3月12日孙中山病逝于北京。1925年5月13日，孙中山先生葬事筹备委员会通过《征求陵墓图案条例》，向海内外悬奖征求陵墓设计图案。经过严格的评审，当时年仅32岁的青年建筑师吕彦直获得了第一名，并被聘为陵墓总建筑师，负责整个中山陵项目的设计与施工。

吕彦直设计的中山陵图案，巧妙地应用了紫金山南坡由低渐高的地形，在同一中轴线上安排了陵前广场、博爱坊、登山墓道、碑亭、祭堂和墓室。从陵门到墓室，层层向上推进，有效地烘托出陵寝的宏伟气势，构成整个陵区庄严肃穆的氛围。中山陵全部平面图呈警钟形，如图8-14所示，寓含孙中山先生"唤起民众"之意，因而受到评审人员的一致推崇，被誉为"中国近代建筑史上的第一陵"。

中山陵沿中轴线布置主体建筑的做法，体现了中国传统建筑的风格。祭堂以中国宫殿式建筑为基调，吸收西洋建筑之长处，墓室则完全采用西洋建筑做法，融汇了中国古代与西方建筑之精华。同时，运用牌坊、陵门、碑亭等中国古代陵墓的传统形制，再装饰以华表、石狮、铜鼎等部件，使整个建筑群既富有中华民族特色，又庄严简朴，别具创新，如图8-15所示。

图8-14 中山陵鸟瞰图

图8-15 中山陵建筑局部

1929年3月18日，吕彦直在主持建造中山陵过程中积劳成疾，不幸逝世，年仅36岁。在他逝世后，南京国民政府曾明令全国，予以褒奖，并在陵园立碑纪念。

第二节 现代建筑

1949年，中华人民共和国成立。这一事件标志着中国现代史的开始。中华人民共和国成立后，我国建筑迈入了新的历史时期。在中国共产党的领导下，在一穷二白的基础上开始大规模、有计划地进行国民经济建设，从而推动了建筑行业的蓬勃发展。中国现代建筑在类型、数量、规模及技术水平上都取得了突破，展现出新时期的勃勃生机。

一、现代建筑历史分期

1949年，中华人民共和国成立。这一事件标志着中国现代史的开始。中国现代建筑的历史曲折多变，但从整体上来看，建筑风格呈现出非常明显的阶段性，我们可以将其分为自律时期和开放时期两大阶段。

（一）自律时期（1949—1978年）

由于特殊的历史环境因素的存在，我国人民必须主要依靠自身力量来完成建设国家的任务，这段时期称为"自律时期"。"自律时期"所指时间是从1949年中华人民共和国成立到1978年召开党的第十一届三中全会前，这段时期又可以分为四个发展阶段。

第一个阶段是从1949年到1952年。在这个阶段，新中国初建，百废待兴。由于社会发展需要，成立了政府的建筑部门和国营建筑公司，提出了"坚固、安全、经济、适当美观"的建筑设计总方针，该指导原则影响了整个自律时期的建筑风格。

第二个阶段是从1953年到1957年。在这个阶段，国民经济进入了一个有计划、高速度发展的建设时期。出于政治形势和经济建设的需要，党和政府号召全面学习苏联。在设计上开始以批判"结构主义"和"世界主义"为口号排斥欧美建筑设计思想，掀起了以大屋顶为特征的探索"民族形式"的创作活动。长春地质宫（图8-16）就是这一时期的建筑。

图8-16　长春地质宫

第三个阶段是从1958年到1965年。在这个阶段，中国人民充满了豪迈之情，建筑界开展了以"快速设计"和"快速施工"为中心的技术革新及技术革命运动。具有重要意义的建筑活动主要有为迎接1959年国庆十周年而展开的"国庆十大工程"，中国建筑界在短短的10个月时间里完成了人民大会堂（图8-17）、中国革命博物馆、中国历史博物馆、中国人民革命军事博物馆、全国农业展览馆、民族文化宫、民族饭店、北京工人体育场、北京火车站、钓鱼台迎宾馆等建筑的设计及施工，进行了新技术的探索，影响深远。

第四个阶段是从1966年到1978年。在这个阶段，围绕国防和战略布局开展的一系列工程建设取得了辉煌的成果，图8-18所示的南京长江大桥即为这个时期的建筑。

（二）开放时期（**1978年至今**）

1978年12月召开的党的十一届三中全会，确定了对内搞活经济，对外实行开放的总方针，实现了新中国成立以来党的历史上具有深远意义的伟大转折，开启了社会主义现代化建设的新时期。

图8-17　人民大会堂

图8-18　南京长江大桥

　　从1980年开始，我国开始以"四个现代化"为核心的经济建设，建筑领域开始重新融入国际社会。在开展中外文化交流的同时，外国先锋建筑思想也开始通过各种渠道源源不断地流入我国，最终形成了多元并存的新局面。

　　20世纪90年代，我国由计划经济体制向市场经济体制转型，经济因素成为建筑创作的主导因素，逐渐形成了竞争激烈的中国建筑设计市场。中国现代建筑师队伍也逐渐开始走向分化，表现出不同的群体特征。信息时代的到来，后工业社会的转型，人口与资源的矛盾，这些新的问题深刻影响着中国现代建筑的发展。与此同时，我国经济规模不断扩大和高速增长，城市与乡村面貌日新月异，全国各地都取得了卓越的建筑成就。

二、现代建筑类型

　　新中国成立后，我国建筑迈进新的历史发展时期。在"自律时期"，受意识形态影响，建筑大多体现着向苏联学习的倾向；改革开放以后，人民的生活水平不断提高，建筑技术的不断进步，使得我国的建筑风格也日趋多样化。

（一）工业及交通建筑

　　20世纪五六十年代，受苏联模式影响，中国在计划经济体制下制定了优先发展重工业和国防工业的战略，工业建筑成为当时建筑活动的主体。总体而言，在类型上，比近代中国的工业建筑有不少的增加，规模和水平也有大的拓展。自1953年起，中国政府开始有计划地进行交通运输建设。此后，国家投资向交通运输倾斜，改造和新建了一批铁路、公路、港口码头、民用机场，因此使得交通建筑得到了一定的发展。图8-19所示的北京火车站即为这一时期的建筑。

（二）居住建筑

　　20世纪50—70年代，居住建筑主要是多层住宅楼，有工人新村（图8-20）、居住小区等形式，住宅标准极低，设备简陋，存在功能分区不明等问题；20世纪80年代以后，住宅标准逐渐提高，出现了小高层、高层住宅楼，墙体结构上不断改进，将家用电器的使用也

图8-19　北京火车站

图8-20　上海曹杨新村

纳入到了设计考虑之中；20世纪90年代以后，住宅类型更加丰富，公寓外开始发展别墅、度假村等，大城市里高层住宅建筑日益增多，物业管理逐渐推广到了全社会。

（三）公共建筑

20世纪50—70年代，在当时的社会状况和计划经济低工资、低消费的背景下，普通的公共建筑在特定的领域中存在并发展，如工人文化宫、职工食堂、毛泽东思想展览馆等。

改革开放后，公共建筑类型出现了翻天覆地的变化。在商业建筑中，不仅有普通的百货商店，还出现了建有自动扶梯的大型商场、超级市场、专卖店和步行街等；20世纪80年代以后，商务办公楼成为发展最快的建筑类型，会议中心和会展中心也开始在经济发达地区出现。随着建筑技术的提升及信息业、传媒业的蓬勃发展，信息与传媒建筑及大跨度建筑也开始不断涌现。图8-21所示的北京首都体育馆即为这一时期的建筑。

图8-21　北京首都体育馆

三、现代建筑经典实例

（一）北京香山饭店

香山饭店（图8-22）位于北京西郊香山公园内。建筑群依凭山势，院落相间，具有中国古典建筑的传统特色。香山饭店总占地面积为3万多平方米，建筑面积为3.5万平方米。中心为面积780平方米的玻璃顶大厅，仿北京四合院天井形式。庭院里巧妙设置"曲水流觞""洞天一色""古木清风"等庭院十八景，独具特色。饭店于1982年建成，1984年曾获美国建筑学会荣誉奖。

图8-22　北京香山饭店

香山饭店由国际著名美籍华裔建筑设计师贝聿铭先生主持设计和兴建。他曾说："香山饭店在我的设计生涯中占有重要的位置。我在此下的功夫比我在国外设计的有些建筑高出十倍""从香山饭店的设计，我企图探索一条新的道路"。贝聿铭是新现代主义建筑的代表人物，他在设计香山饭店的时候，充分考虑了香山幽静典雅的自然环境和众多的历史文物价值，最终设计成一个能够和多元环境的文化因素融合起来的特别形式。

香山饭店只用了白、灰、黄褐三种颜色，室内、室外都和谐高雅。因为重复运用了正方形和圆形两种图形，使建筑产生了韵律，如图8-23所示。其后花园内远山近水、叠石小径、高树铺草布置得非常得体，既有江南园林精巧的特点，又有北方园林开阔的空间。建筑中还非常重视园林和绿化的作用，借景入室的手法比比皆是，是一座融中国古典建筑艺术、园林艺术、环境艺术为一体的典型建筑。

图8-23 北京香山饭店局部

香山饭店在建造过程中曾对香山的自然环境造成了一定程度的污染和破坏，但贝聿铭高超的设计手法和一丝不苟、精益求精的敬业精神使中国建筑师们为之折服；他对香山饭店的空间和细节的处理、造型的丰富和统一性、对传统形式的借鉴和转化，以及建筑与园林景观和自然环境之间关系的处理都为后人所赞赏。图8-24所示为北京香山饭店俯瞰图。

（二）北京国家体育场

国家体育场（俗称鸟巢）位于北京奥林匹克公园中心区南部，是2008年北京奥运会主体育场，是被誉为"第四代体育馆"的伟大建筑作品。国家体育场于2003年12月开工建设，2008年3月完工。这座建筑的整体如同一个巨大的容器，由高低起伏的基座构成了一个生动的弧形外观，如图8-25所示。体育场南北长为333米，东西宽为298米，高为69米，可以容纳91 000人同时观看比赛，建造时共使用4万多吨钢材。

国家体育场由雅克·赫尔佐格、德梅隆、艾未未以及李兴刚等设计，由北京城建集团负责施工。体育场采用建筑结构一体化的设计理念，整个建筑通过巨型网状结构联系，内部没有一根立柱，形态如同孕育生命的巢和摇篮，寄托着人类对未来的希望。体育场在奥运会后成为北京市民参与体育活动及享受体育娱乐的大型专业场所，并成为地标性的体育建筑和奥运遗产。

图8-24 北京香山饭店俯瞰图

图8-25 北京国家体育场

思考题

1. 列举出1959年国庆十大工程的名称。
2. 简述香山饭店建筑的特点。

扫码查看更多图片

课后拓展

武汉黄鹤楼的建筑外观具有什么样的特点？试论历代黄鹤楼在造型上的异同。

第二部分　西方建筑史

第九章　古代埃及及两河流域建筑

第一节　古代埃及建筑

一、发展概况

古代埃及位于非洲东北部的尼罗河流域，公元前3500年左右形成上下埃及王国，公元前3150年前后初步统一，建立了古代埃及王国。

古代埃及是世界上最古老的文明古国之一。古代埃及的国土主要分布在尼罗河周围的狭长地带，东西两面均为沙漠，南面有大险滩，同外界交流较为困难，只有通过东北端的西奈半岛与西亚来往较为方便。因此，古代埃及具有较大的孤立性和封闭性。

古代埃及有一套自己完整的象形文字系统，完善的政治体系和多神信仰的宗教系统，其统治者被尊称为法老。法老既是人世间的君主，又被尊奉为神，掌握着军政大权，对国家实行奴隶主专制统治。古代埃及所有主要的建筑物都带有一定的宗教色彩，这是当时政教合一、中央集权制度的体现。

古代埃及建筑的发展可分为四个时期，即古王国时期（约公元前3200年至公元前2130年）、中王国时期（约公元前2130年至公元前1580年）、新王国时期（公元前1582年至公元前332年）和托勒密王朝时期（公元前332年至公元前30年）。

（一）古王国时期

古王国时期定都于尼罗河三角洲南部的孟菲斯，由于这个时期有大量的金字塔修建，故又被称为"金字塔时期"。

金字塔是古王国时期法老的陵墓。在王朝初期，法老和贵族的陵墓是长方形平顶的砖墓，称为"玛斯塔巴"（mastaba，阿拉伯文的音译，意为石凳）。这种坟墓多用泥砖建造，呈梯形六面体状，分地下墓穴和地上祭堂两部分，是模仿当时的住宅和宫殿进行建造的，如图9-1所示。

后来，法老的陵墓不断扩大，陵墓逐渐改变了形制，由原来的一层的玛斯塔巴变成了由大到小的几层相互叠加的阶梯形金字塔。最著名的阶梯金字塔为古代埃及第三王朝国王昭塞尔的陵墓。昭塞尔金字塔（图9-2）呈6层阶梯塔状，高约60米，造型简练、稳定，具有纪念性建筑的特征，也是世界上第一座石头金字塔。

图9-1　玛斯塔巴

古王国盛期，多层阶梯状金字塔逐渐演化为方锥形金字塔。公元前3000年中叶，在今天开罗南面的吉萨建造的三座大金字塔，是古代埃及方锥形金字塔成熟的代表。这些金字塔用庞大的规模、简洁沉稳的几何形体、明确的对称轴线和纵深的空间布局体现了无上的雄伟、庄严和神秘的效果，也体现了古代埃及建筑师们的伟大智慧，是世界七大奇迹之一。

图9-2　昭塞尔金字塔

（二）中王国时期

在中王国时期，埃及的经济迅速发展，使农业生产得到了全面发展，国土扩展到南部山区，首都也迁到上埃及的底比斯。底比斯位于尼罗河中游峡谷之中，两侧悬崖峭壁，无法建造庞大形体的金字塔。于是，法老们学习当地贵族的传统，在山岩上凿石窟作为陵墓。

在这种情况下，新的陵墓格局是把祭祀的厅堂变为建筑的主体，使其扩展为规模宏大的祀庙。通常将新的陵墓建造于悬崖前面，按纵深系列布局，墓室延伸至山体之中，使整个建筑群巧妙地和地形结合在一起。最具代表性的石窟陵墓是曼都赫特普三世陵墓和哈特谢普苏特女王陵墓。图9-3为哈特谢普苏特女王陵墓。

图9-3　哈特谢普苏特女王陵墓

（三）新王国时期

在新王国时期，埃及的社会经济取得了重大进步，各种手工业和冶金、纺织、玻璃制造等行业都有很大的发展。在军事上，法老不断对外用兵，使得国家的版图扩大了一倍。这一时期又称为"埃及帝国时期"。

新王国时期，底比斯的主神阿蒙成了全国主神，因而太阳神庙代替陵墓成为主要建筑类型。这一时期，巨大的神庙遍及全国，底比斯一带的神庙最为密集，其中规模最大的是卡纳克和鲁克索两处的阿蒙神庙。这些神庙规模巨大，平面形状为一个巨大的梯形，布局是沿轴线依次排列，分别有高大的牌楼门、柱廊院、多柱厅（神殿）、密室和僧侣用房等。此外，神庙前还有两旁排列着山羊狮身石像的神道，和象征太阳神的方尖碑。神庙的大殿内部石柱粗大密集，空间逐层缩小，光线昏暗，气氛神秘。图9-4所示为阿蒙神庙示意图。

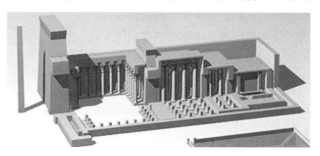

图9-4　阿蒙神庙示意图

后来，从山体上开凿出来的神庙开始出现并流行起来。其中，以阿布辛贝阿蒙神庙最为著名。

（四）托勒密王朝时期

这一时期，埃及的北部屡次受到亚述、波斯、希腊等国家的侵略，最后被古罗马吞并。这一时期的建筑规模不大，但设计与施工技巧却较前更为精致，并受到希腊与罗马的影响。罗马帝国入主古代埃及之后，古代埃及不仅在政治、经济与宗教上失去了自主权，建筑也随之受到了影响。从此，古代埃及地区的建筑随着统治者更迭而不断发生变化。其中，由于受阿拉伯帝国和奥斯曼帝国的影响，使埃及成为伊斯兰建筑体系中的一员，修建了众多的清真寺和其他伊斯兰建筑。

二、吉萨金字塔群

吉萨金字塔群（图9-5）位于尼罗河三角洲的吉萨，修建于约公元前2631年至公元前2498年，主要由胡夫金字塔、哈夫拉金字塔、孟卡拉金字塔三座相邻的金字塔和狮身人面像组成，周围还有许多玛斯塔巴及其他小金字塔。

图9-5　吉萨金字塔群

最大的胡夫金字塔原高146.4米，现高137米，底边各长230.6米，占地5.3公顷。其塔身斜度呈51°52′，用230余万块平均需约2.5吨的石块干砌而成。塔的表面原有一层磨光的石灰岩贴面，今已剥落，入口在北面离地17米高处，通过长甬道与上、中、下三墓室相连，中间石室存放着法老的木乃伊石棺。

狮身人面像（图9-6）是一座位于哈夫拉金字塔旁的雕像，其外形是一个狮子的身躯和人的头。像高21米，长57米，除前伸达15米的狮爪是用大石块镶砌外，整座像是在一块含有贝壳之类杂质的巨石上雕成。狮身人面像是现今已知最古老的纪念性雕像，一般认为是在法老哈夫拉统治期间建成的。

图9-6　狮身人面像

金字塔作为法老的陵墓，其组织形制反映着埃及人对于后世重生的信仰。经研究发现，金字塔每个面都近乎等边三角形，塔尖都朝向一些重要的定点，其群体布局甚至还折射出天上星宿的排列模式。

三、阿布辛贝神庙

阿布辛贝神庙位于埃及文化古城阿斯旺的南部280千米处。神庙由新王国第十九王朝的法老拉美西斯二世所建，距今已有3 300多年历史。这座神庙全部雕凿在尼罗河西岸的悬崖峭壁上，高约33米，宽约38米，纵深约65米。阿布辛贝神庙剖面图如图9-7所示。

图9-7　阿布辛贝神庙剖面图

阿布辛贝神庙由依崖凿建的牌楼门、巨型拉美西斯二世摩崖雕像、前后柱厅及神堂等组成。最引人注目的是神庙正面雕刻的4尊高达20米的拉美西斯二世的巨型坐像。这些坐像厚重非凡、栩栩如生，体现出当时埃及扩展疆土、称雄于世的气势和法老至高无上的权威，如图9-8、图9-9所示。

阿布辛贝神庙在每年春分日及秋分日这两天，阳光会穿过60多米深的庙廊，直接照进洞内最深处圣殿的三个神像身上。令人称奇的是，圣殿最左边代表冥界之神的雕像却始终不会被阳光照到。这一罕见的景象被称为"太阳节奇观"，它是古代埃及人智慧的象征。

图9-8　阿布辛贝神庙正面　　　　　　图9-9　阿布辛贝神庙内部

　　20世纪50年代，埃及政府决定修建阿斯旺水坝。为了保护文物，防止神庙被水淹没，1965年埃及工程技术人员与来自德国、法国、意大利、瑞典等国的人员合作，开始整体搬迁神庙。人们将神庙切割成石块，搬迁到预定地点，再组装成一个完整的建筑。整个工程非常成功，神庙最后迁移到了高出河床水位60余米的后山上。但由于各种因素的影响，现在阳光照进神庙圣殿的时间比原来的时间偏差了一天。

第二节　古代两河流域建筑

一、发展概况

　　两河流域是指在亚洲西部底格里斯河和幼发拉底河之间的流域，希腊人将其称为"美索不达米亚"。这一地区是古代人类文明的重要发源地之一，其主要包括今天的伊拉克大部、叙利亚和伊朗的一部分。

　　公元前3500年，苏美尔人在两河地区建立了最早的城市。该地区的建筑文明经过了约3 000年的发展，历经阿卡德帝国、古巴比伦帝国、亚述帝国，到新巴比伦帝国和波斯帝国时期达到了巅峰。从历史上大致可以把两河流域的建筑分为五个时期：苏美尔—阿卡德时期（公元前3 500年至公元前2 000年）、巴比伦时期（公元前1 900年至公元前1 600年）、亚述时期（公元前1 000年至公元前612年）、新巴比伦时期（公元前612年至公元前539年）、波斯帝国时期（公元前539年至公元前330年）。

　　从建筑类型来看，苏美尔时代主要是宗教建筑，这反映了早期神权统治具有至高无上的地位。从阿卡德王国开始，虽以神权的名义进行统治，但世俗权力居于首位，因此建筑的重点开始转向了宫殿的营造。为了展示作为上天之神在人间的代理人的荣耀，炫耀武力和财富，宫殿规模越来越大，越来越讲究礼仪性。

在建筑材料方面，由于石料的缺乏，早期苏美尔时代无论是宗教建筑还是民居，均以泥砖为主，以烧制砖作贴面。从亚述时代开始，建筑开始采用石料作为墙壁贴面，创造了精美的石质装饰雕刻。最初在土墙上起护壁作用的烧制砖贴面，之后发展为陶制的装饰砌块，并镶嵌成几何形图样，后来又在新巴比伦时期的建筑上发展为华丽的彩釉瓷砖浮雕贴面。

波斯人的建筑成就主要体现在皇宫建筑上，堪称纪念性与礼仪性的完美结合。在波斯王宫的建筑中将亚述的石雕装饰传统、巴比伦的彩釉瓷砖装饰传统和埃及、希腊的装饰图案母题融于一体，展示出夺目的光彩，如图9-10所示。

图9-10　波斯帝国宫殿遗址

总的来说，在这个区域内，世俗建筑占据着主导地位。由于自然环境的因素，黏土成为主要的建筑材料，由此发展出了多种建筑形制和丰富多彩的装饰方法（图9-11）。券、拱和穹隆结构就是在此时发展起来的，并出现了装饰面砖和彩色琉璃砖，影响到后来的拜占庭建筑和伊斯兰建筑。

图9-11　两河流域建筑的饰面技术

二、乌尔观象台

观象台又称山岳台，是古代西亚人崇拜山岳、崇拜天体，观测星象的塔式建筑物。山岳台是一种多层的高台，有坡道或者阶梯逐层通达台顶，顶上有一间不大的神堂。坡道或阶梯有正对着高台立面的，有沿正面左右分开上去的，也有螺旋式的。古代埃及的阶梯形金字塔或许同它有过联系。

两河流域的人们在公元前2200年至前500年之间建造了大量的山岳台，保留至今的大约有25座。乌尔山岳台是保存最好的一座（图9-12）。

乌尔山岳台约建于公元前2125年，坐落于伊拉克乌尔城中心一个6米高的台地上。主要用夯土筑成，表面砌筑了厚达2.4米的砖层，砌体的每个侧面内倾，同时每侧又砌有外凸的扶壁，总体形象极为稳定，气势宏大。

图9-12　乌尔山岳台俯瞰图

乌尔山岳台整体共有四层，总高约21米。第一层基底面积为65米×45米，高为9.75米，台前设置了三条巨大的坡道，一条垂直于正面，两条贴着正面，在三条坡道交汇处是一座有三个券洞的大门，通过大门即到达台的第一层台面。第二层收进很大，基底面积为37×23（米），高为4.5米。第三、四层更成倍缩小，每一层都有一圈环绕上一层的宽大台面。台顶有一座山神庙，现已残毁。据传说，山岳台的每一层都有不同的象征意义。

三、萨艮王宫遗址

古巴比伦衰亡后，美索不达米亚南部地区经历了长期的分裂与文化衰落，直到亚述帝国重新统一了两河流域。亚述帝国都城的建设规模大于以前西亚任何一个国家，其最重要的建筑遗迹是萨艮王宫。萨艮王宫为萨尔贡二世所建，位于现在的伊拉克北部豪尔萨巴德，是亚述最伟大的建筑成就之一。

萨艮王宫的平面为方形，每边长约2千米，是一座建在古老村庄台地上的城堡，周围建有一圈带塔楼的城墙，占地面积近2.6平方千米。城墙厚约50米，高约20米，上有可供四马战车奔驰的大坡道，还有碉堡和各种防御性门楼。

王宫大门有四座方形碉楼夹着三个拱门，中央拱门宽为4.3米，墙上贴满琉璃，在门洞口的两侧和碉楼的转角处有高约3.8米的石板贴面。石板上雕人首翼牛像，它们象征着智慧和力量，守护着宫殿。图9-13所示为萨艮王宫入口示意图。

这些人首翼牛像体量巨大，正面表现为圆雕，侧面为浮雕，雕刻得十分精细，逼真地表现了毛发、羽翅和牛腿上的肌肉和筋腱等细节。有趣的是，这些神兽都刻有五条腿，这是因为它们的两条前腿是平行的，在侧面只能看到外侧的一条，因此雕像从正、侧面看起来均形象完整。

人首翼牛像的构思体现了艺术家勇敢的独创精神。他们不受雕刻体裁的束缚，不受自然物象的束缚，将圆雕和浮雕结合起来，并依照建筑雕刻的原则周密地考虑了建筑物上具体的观赏条件，极富创意。人首翼牛像是亚述帝国常用的装饰题材，可能和埃及的狮身人面像有一定的渊源，如图9-14所示。

图9-13　萨艮王宫入口示意图

图9-14　人首翼牛像

四、伊斯塔尔门

公元前621年亚述帝国被迦勒底和米底所灭，迦勒底人又建立了新巴比伦王国。新巴比伦王国在尼布甲尼撒二世统治时期达到全盛，奴隶制经济得到较大发展。重建后的巴比伦城成为当时西亚地区最大的政治、文化、贸易和手工业中心。

巴比伦城规模宏大，布局呈网格状。整个城市有双城墙环绕，幼发拉底河自北向南穿城而过，将城区一分为二。城内建有民房、神庙、宫殿、要塞。墙外掘有宽阔的护城河，河上可以通航。一条"仪仗大道"通向城内，内城的入口就是著名的伊斯塔尔门（图9-15）。

图9-15　伊斯塔尔门

伊斯塔尔门是巴比伦建筑的代表作。这座城门有前后两道门、四座望楼，大门墙上覆盖着彩色的琉璃砖。伊斯塔尔门在蓝色的背景上用黄色、褐色、黑色镶嵌狮子、公牛和神兽浮雕，黄褐色的浮雕和蓝色的背景构成了鲜明的对比，具有强烈的装饰效果。伊斯塔尔门在巴比伦文明中是与空中花园齐名的世界建筑奇观。

 **思考题**

1. 简述古代埃及阿布辛贝神庙的特点。
2. 试分析两河流域的建筑与古代埃及建筑之间的联系。

扫码查看更多图片

 **课后拓展**

在建筑装饰方面，从古代埃及建筑或两河流域建筑的实例上能够得到哪些启发？

第十章 古希腊建筑

第一节 爱琴文明建筑

公元前8世纪，在巴尔干半岛、小亚细亚西岸以及爱琴海各岛屿上形成了许多奴隶制的小城邦国家，如雅典、斯巴达、科林斯、奥林匹亚等。这些国家（城邦）虽未统一，但它们之间的政治、经济、文化关系十分密切，因此总称为古希腊。

古希腊历史是从爱琴文明开始的。公元前2000年左右，爱琴海上的克里特岛、希腊半岛的迈锡尼和小亚细亚的特洛伊建立了早期的奴隶制王国。这一地区先后出现了以克里特和迈锡尼为中心的古代爱琴文明，史称克里特—迈锡尼文化。爱琴文化深刻影响着希腊文化，因此也被称为希腊早期文化。

克里特岛位于地中海北部，是希腊的第一大岛，也是爱琴海中最大的岛屿，距离非洲大陆仅300千米。克里特文明是爱琴文明的早期阶段。约从公元前2600年至公元前1125年，岛上涌现了著名的米诺斯文化，艺术、建筑和工程技术空前繁荣，并建立了统一的米诺斯王朝。米诺斯王宫建筑规模宏大，结构复杂，是克里特文明的集中体现。

公元前1700年至公元前1500年，在希腊的南部逐步形成了一个以迈锡尼人为中心的奴隶制国家。公元前1450年至公元前1400年，迈锡尼人攻占了克里特的王宫，迈锡尼文化从此取代了克里特文化，进入了迈锡尼文明时期。

迈锡尼文明时期，生产力得到迅速发展，其金属冶炼和手工业品的制造技术，超过了克里特文明时期的水平。在迈锡尼文明时期，人们将宫殿修筑于卫城之中。迈锡尼卫城风格粗犷，防御性强，这是迈锡尼文明最显著的特征。

一、克诺索斯宫殿

克诺索斯宫殿是克里特岛上米诺斯国王最大、最著名的宫殿。宫殿位于克诺索斯一座名叫凯夫拉山的缓坡上，是一座规模巨大的多层平顶式建筑，占地2.2万平方米，有大小宫室1 500多间，其平面图如图10-1所示。

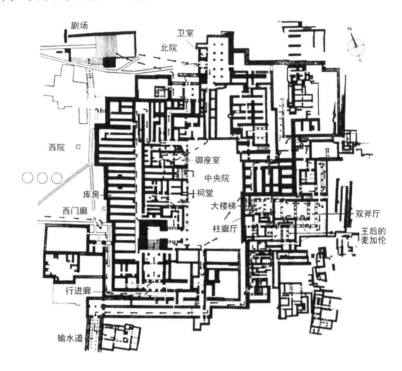

图10-1　克诺索斯宫殿平面图

克诺索斯宫殿始建于约公元前1600年至公元前1500年，整体平面呈长方形，全宫以长方形中央庭院为中心，周围分布着各种房间。其中，东南侧是国王起居部分，有正殿、王后寝室、卧室、浴室、库房等；西面有一列狭长的仓库；北面有露天剧场；东南角有阶梯，直抵山下。王宫内部厅堂柱廊布局开敞，柱子上粗下细，比例匀称，挺拔俊秀。图10-2所示为克诺索斯宫殿遗址。

图10-2　克诺索斯宫殿遗址

克诺索斯宫殿倚山而建，地势西高东低，因此，庭院以西楼房有两三层，以东楼房则有四五层。其楼层密集，厅堂错落，天井众多，梯道走廊曲折复杂，极易迷失方向，古希腊神话将其称为"迷宫"。该宫殿在公元前1450年左右被侵入者占领破坏后随即湮没，直到19世纪末才被发掘。

二、迈锡尼卫城

迈锡尼卫城位于希腊伯罗奔尼撒半岛东北部，如图10-3所示。卫城是基于军事防御而修筑，建于群山环绕的高岗上，外围由巨大的回形墙围绕。城墙都是用巨大的石块砌成，重达五六吨，被称为"独眼巨人的叠石"。

图10-3 迈锡尼卫城示意图

"狮子门"是卫城的主要入口，由一横两竖的巨石构成，门宽3.5米，城墙在门的两侧突出，使门前变成一个狭长的过道，加强了防御性。门上作为横梁的石块重达20吨，中央厚90厘米，两端渐薄，结构合理。在其上方的一块三角形石雕内，两只狮子肌肉丰满凸出，拱卫着一根象征宫殿和王权的石柱。三角形石雕的两侧是一个叠涩券，也大致呈三角形，是世界上最早的券式结构遗迹之一。图10-4所示为迈锡尼卫城狮子门。

整座迈锡尼卫城以堆垒的大石块建造，石块大小接近但边缘无裁切痕迹，石块与石块之间也没有任何粘合物，全部是交叉堆叠而成，建造方法与埃及金字塔类似。在迈锡尼卫城外不远处，还保存有完好的迈锡尼古代圆形墓穴，其中以阿伽门农墓最为有名。

图10-4 迈锡尼卫城狮子门

第二节 希腊本土建筑

一、发展历程

古希腊的中心地带是希腊半岛。希腊半岛地势崎岖，河流短促，缺少开阔地和平原，土质稀松，石材丰富。尽管古希腊早期的建筑也采用木质材料，但由于这些地区的降雨丰富，空气湿润，木质易受潮腐朽，于是人们开始使用石材代替木材建造房屋。

古希腊建筑按照历史文化特征可以分为荷马时期、古风时期、古典时期和希腊化时期四个主要阶段。

（一）荷马时期（公元前12世纪至公元前8世纪）

荷马时期的建筑主要继承于爱琴文明，以长方形"正室"作为住宅的基本形制。平面狭长，有的加一道横墙划分前后间。氏族领袖的住宅兼作敬神的场所，因此，早期的神庙采用了与住宅相同的长方形"正室"形制。由于当时主要建筑材料还是木头和生土，加上荷马时期氏族社会解体，人口迁移，这一时期的建筑并没有保存下来。

（二）古风时期（公元前8世纪至公元前6世纪）

在这个时期，希腊人的守护神崇拜代替了祖先崇拜，形成了圣地建筑群的典型布局。神庙改用石头建造，并形成一定的形制。与此同时，"柱式"也基本定型，分别出现了端庄秀雅的爱奥尼柱式和雄健有力的多立克柱式等。柱式是古希腊人在建筑艺术上的杰出创造。

（三）古典时期（公元前5世纪至前4世纪）

古典时期是古希腊建筑的繁荣兴盛时期，留下了很多建筑珍品。主要的建筑类型有卫城、神庙、露天剧场、柱廊、广场等。多种柱式在一组建筑群中或同一单体建筑中被同时使用，在伯罗奔尼撒半岛的科林斯城还形成了一种风格华美的新柱式——科林斯柱式。圣地建筑群和神庙建筑完全成熟，雅典卫城和卫城中的帕提农神庙就是著名的实例。

（四）希腊化时期（公元前4世纪后期至公元前1世纪）

希腊化时期的公共生活空前发达，一些世俗的公共建筑类型增加，功能转化，艺术手段更加丰富。马其顿国王亚历山大远征，将希腊文化传播到了西亚和北非。希腊建筑风格向东方扩展的同时，受到当地原有建筑风格的影响，形成了不同的地方特色。

二、希腊柱式

希腊建筑中很重要的一个内容就是其柱式的演化。希腊早期的建筑是木构架的，易于腐朽和失火。从公元前7世纪起，希腊建筑中已经开始使用陶器来保护木构架，到公元前7世纪末，除屋架外，已经全部采用石材建造了。

石造的大型庙宇的典型形制为围廊式，其柱子、额枋和檐部的艺术处理基本上决定了庙宇的面貌。公元前6世纪，希腊建筑中的这些构件在形式、比例和组合上已经相当稳定，有了成套的做法，这套做法被罗马人称为"柱式"，如图10-5所示。

（一）多立克柱式

多立克柱式（图10-6）产生于希腊本土。这种柱式没有柱础，柱子直接立在建筑物的台基上。柱身粗壮，由下往上逐渐缩小，中间略鼓，透着男性体态的刚劲雄健之美，因此又被称为男性柱。

多立克柱式　爱奥尼柱式　科林斯柱式

图10-5　希腊柱式

图10-6　多立克柱式

多立克柱式的柱头比较简单，由方形顶板和圆盘组成，没有任何装饰。柱子比例粗壮，柱身刻有20条垂直、平行的浅凹槽，槽背处理得十分锐利。多立克柱式约于公元前6世纪定型，这种柱式的形成时间最早，因为出现于多利安人的城邦中，所以叫作多立克柱式。

（二）爱奥尼柱式

爱奥尼柱式（图10-7）出现稍晚于多立克柱式，主要流传于小亚细亚西部沿海、爱琴海的一些岛屿及希腊本土阿提卡半岛的一些城邦。这些地区是爱奥尼人居住的地方。

爱奥尼柱式比多立克柱式增加了一个柱础和两对精美的涡卷形柱头装饰。这种柱头的造型十分优雅，是爱奥尼柱式最突出的特点。此外，爱奥尼柱式的柱身较为细长，柱身为底径的8倍，上细下粗但无弧度。柱身凹槽呈半圆形，相比多立克柱式雕刻得更深、更细密，数量通常为24条。沟槽与沟槽相交处被一平滑条带分开。爱奥尼柱式给人一种轻快、活泼、自由秀丽的女性气质，因此又被称为女性柱。

（三）科林斯柱式

科林斯柱式（图10-8）形成于公元前5世纪末，即希腊古典后期，流行于希腊化时期。其最重要的特征是它的柱头形似盛满花草的花篮，柱高与柱底径的比例、柱身凹槽的形状与数目都与爱奥尼柱式相似，只有柱头部分有较大区别。因此，科林斯柱式实际上是爱奥尼柱式的一个变体，但其外观更为华美。

在古希腊的三种柱式中，科林斯柱式的柱身最为细长，一般是柱径的10倍。柱头的四个侧面都有涡卷形装饰纹样，并围有两排毛茛叶雕饰，显得非常华丽纤巧。科林斯柱式还解决了建筑上转角的问题，因此，它更适合应用于圆形神庙中。

图10-7　爱奥尼柱式　　　　　　　　　　　图10-8　科林斯柱式

三、雅典卫城

公元前5世纪中叶，在希波战争中，希腊人以高昂的英雄主义精神战败了波斯的侵略。作为全希腊的盟主，希腊人对雅典进行了大规模的建设。建设的重点在卫城。在这种情况下，雅典卫城达到了古希腊圣地建筑群、庙宇、柱式和雕刻的最高水平。图10-9所示为雅典卫城复原模型。

雅典卫城始建于公元前447年，至公元前438年基本完成。雅典卫城原为防御外敌入侵的城堡，坐落在雅典城西南一处险要的山岗上。雅典卫城的神庙建筑主要有帕提农神庙、伊瑞克提翁神庙和胜利女神神庙三座，它们以帕提农神庙为主体，利用山岗的自然起伏，巧妙地将三座神庙和卫城的山门等组成一个庞大的建筑群体，既突出了主体建筑的神圣与伟岸，又表现了整体布局的灵活与自由。工程的主要设计者是建筑家伊克提诺斯等人，雕塑则由菲迪亚斯负责完成。图10-10所示为雅典卫城遗址。

图10-9　雅典卫城复原模型　　　　　　　　图10-10　雅典卫城遗址

（一）卫城山门

卫城入口是一座巨大的山门，山门的两翼向外突出，犹如展开的双臂。左翼城堡之上坐落着胜利神庙，均衡了山门两侧不对称的构图，山门因地制宜，内外划分为两段，外段为多立克柱式，内段为爱奥尼柱式，其体量和造型处理都恰到好处，既雄伟壮观又避免了体量过大而影响卫城内主体建筑的效果。卫城山门遗址如图10-11所示。

图10-11　卫城山门遗址

（二）胜利神庙

胜利神庙是希波战争结束后希腊人第一个着手设计的建筑物，设计者是卡里克拉特。神庙采用爱奥尼柱式，台基长为8.15米，宽为5.38米，前后各有四根爱奥尼式列柱。相传神庙里放有一尊没有翅膀的胜利女神雕像，因此也被称为无翼胜利女神庙。

胜利神庙的建造是为了点明卫城庆祝卫国战争胜利的主题，并希望借此长久地留存胜利的荣光。因为山门两侧的地形和建筑均不对称，所以，位于南边的胜利神庙特意向前突出，从而取得视觉上的均衡。该建筑拉伸的形状和较小的尺寸比例非常适合其所处的高且狭窄的地基环境。另外，为了和多立克式的山门相调和，神庙的爱奥尼式柱子也特意做得比较粗壮，体现了设计者的灵活性。图10-12所示为胜利神庙遗址。

图10-12　胜利神庙遗址

（三）帕提农神庙

帕提农神庙位于卫城最高点，是雅典卫城的主体建筑。帕提农神庙是为了纪念雅典战胜波斯侵略者的伟大胜利而建的，庙内供奉的是雅典的保护神——雅典娜。图10-13所示为帕提农神庙遗址。

图10-13　帕提农神庙遗址

帕提农神庙采用希腊神庙中最典型的长方形列柱围廊式布局，建造在一个三级台基上。神庙坐西向东，长为69.49米，宽为30.78米，由46根圆柱组成的柱廊围绕着带墙的矩形内殿。整座神庙用贵重的白色大理石材料砌成，并以大量镀金的青铜作为装饰。屋顶为两坡顶，东西两端形成三角形的山花，装饰有精美的高浮雕。

神庙的列柱采用雄浑、刚健的多立克柱式，东西各有8根，南北各有17根，柱高为10.4米，比例匀称，是多立克柱式建筑的典范之作。整个神庙的造型都建立在严格的比例关系之上，体现了和谐统一的形式美法则。

帕提农神庙是现存至今最重要的古希腊时代建筑物，被认为是多立克柱式发展的顶端。神庙中的雕像装饰也被认为是古希腊艺术的顶点。同时，帕提农神庙还被尊为古希腊与雅典民主制度的象征，被誉为"雅典的王冠"。

（四）伊瑞克提翁神庙

伊瑞克提翁神庙位于帕提农神庙的北面，两座神庙在风格上形成了鲜明的对比。伊瑞克提翁神庙平面呈"品"字形，其打破了一般神庙作对称布局的格式，成为一个特例。伊瑞克提翁神庙的整体由3个小神殿、2个门廊和1个女像柱廊组成，其遗址如图10-14所示。

伊瑞克提翁庙是古典盛期爱奥尼柱式的代表作。神庙建在高低不平的高地上，东立面由6根爱奥尼柱子构成入口柱廊，西部地基低，西立面在4.8米高的墙上设置柱廊。南立面的西端突出一个小型柱廊，用女性雕像作为承重柱，这在古典建筑中是非常罕见的，也是这座神庙最引人注目的地方。这些女性雕像长裙束胸，亭亭玉立。设计者在每个雕像的颈后保留了一缕浓厚的秀发，并在头顶加上花篮，成功地解决了建筑美学上的难题。这一创举成为建筑史上将人体美应用于建筑的典范。

伊瑞克提翁神庙各个立面变化很大，体形复杂，但结构完整均衡，各个立面都有呼应。在整个希腊古典时代，它的形体都是最奇特的，如图10-15所示。

图10-14　伊瑞克提翁神庙遗址　　　　　图10-15　伊瑞克提翁神庙局部

四、希腊剧场

剧场是古希腊十分重要的公共建筑，一般建在神庙附近。它不仅是娱乐场所，而且是希腊民众集会的地方，因此规模巨大。

希腊剧场建筑精美，功能独特，音响效果非凡，并且与自然环境有着密切关系。其基本造型是利用山坡地势进行修建的，用石板砌成观众席，整体呈扇形并逐排升高和加宽，其间有供观众出入的呈放射形的通道。表演区在山下，是一块半圆形的平地，被称为"乐池"。乐池后面是供演员化装及存放道具用的建筑物，被称为"景屋"。

古希腊最著名的剧场是埃庇道鲁斯剧场，建造于公元前330年。埃庇道鲁斯剧场的中心是一个圆形舞场，观众席建在山坡上，形成一个围绕乐池的看台，可容纳13 000人。令人惊奇的是，它的声学效果非常理想。图10-16所示为埃庇道鲁斯剧场遗址。

雅典卫城南面的城墙脚下也有两个古希腊时期著名的剧场：狄奥尼索斯剧场和希罗得斯·阿蒂库斯大剧场。其中，狄奥尼索斯剧场建于公元前6世纪，是最古老的露天剧场。该剧场依山坡而建，气势庞大，可容纳17 000人，是当时希腊悲剧和喜剧专属的表演场所。

图10-16 埃庇道鲁斯剧场遗址

 **思考题**

1. 简述古希腊三种古典柱式的特征。
2. 雅典卫城在建筑布局方面有哪些值得称赞的地方？

扫码查看更多图片

 **课后拓展**

人站立在高大的建筑物面前，会因为透视而产生对建筑的视错觉。古希腊人是怎么解决这个问题的？

第十一章 古罗马建筑

第一节 古罗马建筑历史分期

公元前8世纪中叶，拉丁人在意大利半岛的中部建立了一些奴隶制小城邦，罗马城便是其中的一个城邦。公元前2世纪，罗马征服了古希腊，至此，古代世界的文化中心开始转移。

公元1世纪前后，罗马扩张成为横跨欧亚非、称霸地中海的庞大帝国。其领土西起西班牙、不列颠，东到幼发拉底河上游，南自非洲北部，北达莱茵河与多瑙河一带，总面积约为590万平方千米，是世界古代史上最大的国家之一。

公元395年，罗马帝国分裂为东、西两个部分，西罗马帝国以罗马为首都，于公元476年灭亡。东罗马帝国以君士坦丁堡为首都建立了拜占庭帝国，逐渐演化为封建制国家，于公元1453年为奥斯曼帝国所灭。

公元1—3世纪是古罗马建筑最繁荣的时期。重大的建筑活动遍及帝国各地。因为古罗马公共建筑类型颇多，型制发达，建筑样式和手法丰富，结构水平高，且已初步建立了建筑科学理论，所以对后世欧洲的建筑乃至全世界的建筑都产生了巨大的影响。

罗马人虽然征服了希腊，但在文化上却被希腊人征服。希腊建筑对罗马建筑产生了重要的影响，但由于不同的民族特点和社会环境，罗马建筑又具有很多独特之处。罗马建筑按照历史的发展进程大致可分为伊特鲁里亚时期（公元前8至前2世纪）、罗马共和国时期（公元前509至前27年）和罗马帝国时期（公元前27年至公元476年）三个阶段。

一、伊特鲁里亚时期

伊特鲁里亚是古罗马人对意大利托斯卡纳、翁布里亚、拉齐奥及拉丁姆北部等地区的通称。传说公元前753年，罗慕路斯在台伯河畔建立罗马城，开创了王政时代。但在这个时期，伊特鲁里亚人是统治意大利半岛的主要力量，其建筑在拱券结构、神庙布局、城市规划、下水道及排水系统计等方面均有突出成就。因此，罗马人在建筑方面受到了特鲁里亚人的深刻影响，罗马王国与共和初期的建筑也正是在这个基础上发展起来的。

二、罗马共和国时期

罗马共和国时期，罗马不断以战争扩张版图。在公元前3世纪占领了整个意大利；在公元前2世纪与迦太基人经过几次战争，制服了北非；在公元前146年，顺利征服希腊。罗马在统一意大利半岛与对外侵略中经常聚集大量劳动力、财富与自然资源，因此在公路、桥梁、城市街道与输水道方面进行了大规模的建设。

这一时期，建筑活动空前高涨，类型多样，除重点建设道路、桥梁、输水道等基础设施外，还创造出了许多新型公共建筑型制，如公共浴场、巴西利卡、斗兽场等。该阶段大力吸收并发扬希腊建筑文化，继承并扩充了古典柱式系统。

三、罗马帝国时期

公元前27年，屋大维成为罗马的统治者，被元老院授予"奥古斯都"的尊号，将罗马带进入了帝国时期。

在这一时期，罗马各地建筑活动频繁，罗马本城更是如此。罗马人独立发展出了自己的建筑体系，建筑规模巨大，空间复杂，技术成熟，艺术成就高，出现了众多炫耀帝王权力的纪念性建筑，如凯旋门、纪功柱、帝王广场等。

从公元3世纪起，古罗马帝国开始在经济、政治、社会各方面逐渐陷入混乱，建筑活动也逐渐没落。罗马帝国分裂为东、西罗马帝国后，建筑活动仍长期不振，直至公元476年西罗马帝国灭亡为止。

第二节 古罗马建筑成就

一、古罗马柱式

古罗马人继承了古希腊的柱式，并根据新的审美要求和技术条件加以改造和发展，还制定出了柱式的比例关系，最终形成了五种成熟的柱式，如图11-1所示。它们分别是罗马多立克柱式、罗马爱奥尼柱式、罗马科林斯柱式、塔司干柱式和混合柱式。这些柱式规范的影响非常深远，成为西方建筑的基本母题，至今仍在被广大建筑师所学习和模仿。

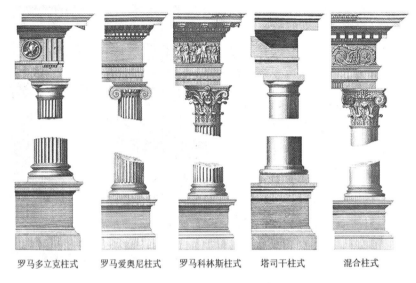

罗马多立克柱式　　罗马爱奥尼柱式　　罗马科林斯柱式　　塔司干柱式　　混合柱式

图11-1　古罗马五种柱式

（一）罗马多立克柱式

希腊多立克柱式的特点是比较粗大雄壮，没有柱础，柱身有20条凹槽，柱头没有装饰。罗马多立克柱式外观跟古希腊多立克柱式相近，但在柱头下端添了一圈环状装饰；柱身下添加了圆环形柱础。柱高与柱径的比例为8∶1，整个柱身显得比较粗壮。

（二）罗马爱奥尼柱式

希腊爱奥尼特点是比较纤细秀美，柱身有24条凹槽，柱头有一对向下的涡卷装饰。罗马爱奥尼柱式与古希腊爱奥尼柱式基本相同，只是把柱头上两个涡卷间的连接曲线改为了水平直线。

（三）罗马科林斯柱式

希腊科斯林柱式的比例比爱奥尼柱式更为纤细，柱头是用毛茛叶作装饰，形似盛满花草的花篮。罗马科林斯柱式的样子与希腊科林斯柱式一致，柱高跟柱径的比例是10∶1，显得纤细高大。柱身上有24条凹槽，柱头部分由两层毛茛叶和涡卷图案组成，涡卷图案成对出现。

（四）塔司干柱式

塔司干柱式是古罗马原有的一种柱式，形式和多立克柱式很相似，可以看作多立克柱式的一种更粗短的变体。其风格简约朴素，柱身没有凹槽，柱础是较薄的圆环面，柱高跟柱径的比例是7∶1，柱身粗壮。

（五）混合柱式

混合柱式是将科林斯柱式的顶端与爱奥尼柱式的涡卷相结合，使形状显得更为复杂、华丽。其柱高跟柱径的比例是10∶1，显得纤细秀美。

二、马可·维特鲁威与《建筑十书》

马可·维特鲁威是公元前1世纪的一位罗马工程师，他出身于一个富有家庭，受过良好的文化和工程技术方面的教育。他曾在罗马军队中服役，建造过一些攻城的设施和桥梁建筑，后成为御用建筑师，从事过罗马城供水工程的工作。

马可·维特鲁威在总结当时的建筑经验后完成了建筑学巨著——《建筑十书》。这是世界上遗留至今的第一部完整的建筑学著作，也是现存欧洲最完备的建筑专著，它奠定了欧洲建筑科学的基本体系。

《建筑十书》共十篇，写于公元前1世纪末。其内容包括建筑教育、城市规划、建筑设计原理、建筑材料、建筑构造作法、施工工艺、施工机械和设备等。书中系统地总结了希腊、伊特鲁里亚、罗马早期的建筑创作经验，第一次提出了"坚固、实用、美观"的建筑三原则。

由于当时在建筑上没有统一的丈量标准，马可·维特鲁威在此书中谈到了把人体的自然比例应用到建筑的丈量上，并总结出了人体结构的比例规律。他在书中建议，神殿类建筑物应该采用与完美的人体比例相似的比例构成方式，因为人体各部分十分和谐。

《建筑十书》的重要性在文艺复兴时期被重视发现，对欧洲的文艺复兴建筑和古典主义产生了较大的影响。达·芬奇曾为此书写过一部评论，《维特鲁威人》（图11-2）就是他在1485年前后为这部评论所作的插图。这幅插图一直被视为达·芬奇最著名的代表作之一，收藏于意大利威尼斯学院。

三、罗马万神庙

万神庙位于意大利首都罗马圆形广场的北部，是罗马最古老的建筑之一，也是古罗马建筑的代表作。因为此庙供奉的是奥林匹亚山上的诸神，所以叫作万神庙。

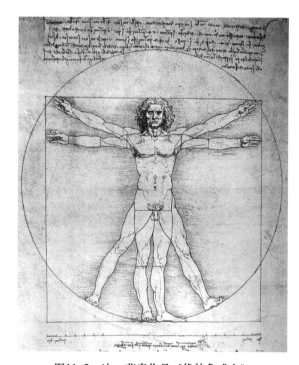

图11-2 达·芬奇作品《维特鲁威人》

万神庙初建于公元前27年，是一座希腊围柱式的长方形建筑。公元2世纪，哈德良皇帝对其进行了改造，将其建成了罗马特有的圆形穹隆顶建筑。至公元3世纪，卡拉卡拉皇帝又在殿前建了一座长方形神庙与之相连，并作为整个神庙的入口。公元609年万神庙还被改作圣马利亚圆厅教堂。到了近代，它又成为意大利名人灵堂、国家圣地。图11-3所示为罗马万神庙鸟瞰图。

万神庙本身正面呈长方形，主体平面为圆形，整体由门廊和神殿两部分组成。门廊的风格属于希腊式风格，圆形的神殿则是典型的罗马风格。万神庙将这两种风格完美地结合起来，形成了一个独特的建筑。

万神庙整幢建筑都是由混凝土浇筑而成的，内部为一个由8根巨大拱壁支柱承荷的圆顶大厅。大厅内墙厚6.2米，为了减轻自重，墙上开有壁龛，龛上有暗券承重，龛内放神像。神庙内壁没有一个窗户，广泛采用了可以减轻负担的拱门和壁龛，有彩色大理石以及镶铜等装饰，华丽炫目。

神庙的尺寸经过了精确地计算，穹顶直径达43.3米，顶端高度也是43.3米，呈完美的圆形。为了减轻穹顶重量，穹顶内表面作凹格，共5排，每排28个，越往上越薄，下部厚5.9米，上部厚1.5米。顶部最高处一个直径8.9米的圆形大洞是整个建筑的唯一采光口。光线从巨大的圆洞射进大殿，充满了宗教的宁谧气息。图11-4所示为罗马万神庙内部。

万神庙采用了穹顶覆盖的集中式形制，是单一空间、集中式构图的建筑物的代表，它也是罗马穹顶技术的最高代表。在现代结构出现以前，它一直是世界上跨度最大的大空间建筑。

四、科洛西姆竞技场

科洛西姆竞技场位于意大利首都罗马市中心的威尼斯广场南面，原名弗拉维圆形剧场。这里原是古罗马帝国专供奴隶主、贵族和自由民众观看斗兽或奴隶角斗的地方，因此又译为罗马角斗场或罗马斗兽场。这座建筑形制完善，结构、功能和形式和谐统一，是迄今遗存的古罗马建筑工程中最卓越的代表，也是古罗马帝国的象征。图11-5所示为科洛西姆竞技场模型图。

图11-3　罗马万神庙鸟瞰图

图11-4　罗马万神庙内部

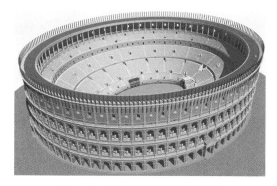

图11-5　科洛西姆竞技场模型图

竞技场这种建筑形态起源于古希腊时期的剧场。古希腊剧场通常依山而建，呈半圆形，观众席在山坡上层层升起。到了古罗马时期，人们开始利用拱券结构将观众席架起来，并将两个半圆形的剧场对接起来，形成了圆形剧场。

科洛西姆竞技场建于公元72—公元80年，是罗马帝国规模最大的一个椭圆形角斗场。占地面积约2万平方米，长轴长约为188米，短轴长约为156米，圆周长约为527米，可容纳近9万观众。其中央为表演区，地面铺有地板，地板下面隐藏着很多洞口和管道，用来存放道具，关押牲畜及角斗士。看台上大约有60排座位，逐排升起，分为5个区。前面一区是荣誉席，最后两区是下层群众的席位，中间是骑士等地位比较高的公民席位。荣誉席与表演区、下层群众席位和骑士席位之间有5～6米的高度落差，安全措施严密。图11-6所示为科洛西姆竞技场遗址内部。

大角斗场的立面为叠柱式，高48.5米，共分为四层。下面三层为券柱式造型，每层有80个拱门，拱门两侧为柱式装饰，从下往上依次为多立克柱式、爱奥尼柱式和科林斯柱式。第四层为实墙，点缀着小窗户和细长的科林斯壁柱。顶层的房檐下面还排列着240个中空的突出部分，它们是用来安插木棍以支撑起遮阳帆布，用以帮助观众避暑、避雨和防寒，保障竞技场内的角斗活动不受天气的影响。图11-7所示为科洛西姆竞技场遗址外部。

科洛西姆竞技场堪称现代所有大型体育场的鼻祖。其设计巧妙，造型独特，外观宏伟。连续而有节奏的券柱式组合，形成了强烈的秩序感和韵律感。各层变化的柱式，圆柱与方形的墙墩之间形成了一种明显的对比，光影变化十分丰富，也使建筑物增添了许多艺术趣味。

图11-6　科洛西姆竞技场遗址内部

图11-7　科洛西姆竞技场遗址外部

五、君士坦丁凯旋门

凯旋门是古罗马统治者为庆祝战争胜利而创造出来的纪念性建筑物，通常建在城市的主要街道中或广场上。凯旋门的典型形制是用石块砌筑，形似门楼，有一个或三个拱券门洞，上方刻有宣扬统治者战绩的浮雕。

君士坦丁凯旋门位于科洛西姆竞技场的西侧，是古罗马城现存三座凯旋门中年代最晚的一座，如图11-8所示。公元312年，罗马皇帝君士坦丁在米尔维安桥之战中击败对手马克森提乌斯，统一了罗马帝国。为了纪念这场胜利，罗马国会、元老院及罗马市民修建了这座凯旋门。

这是一座三跨式的凯旋门，形体巨大，立面高为21米，宽为25.7米，进深为7.4米。凯旋门内外充满了各种浮雕，主要内容为历代皇帝的生平业绩及君士坦丁大帝战斗的场景。巨大的凯旋门和丰富的浮雕虽然气派不凡，但缺乏整体观念。原因是凯旋门的各个部分并非作为一个统一体而创作的，其上方的浮雕板很多都是当时从罗马帝国的其他建筑上直接取来的，如凯旋门顶端的八块长方形浮雕就是从奥理略皇帝纪念碑上拆卸而来。也正因为如此，这座凯旋门保存了罗马帝国各个重要时期的雕刻，形成了一部生动的罗马雕刻史。

古罗马时代共有21座凯旋门，现今罗马城中仅存3座，君士坦丁凯旋门就是其中的一座，另外两座为罗马现存最早的"提图斯凯旋门"，以及位于古罗马广场西北端的"塞维鲁凯旋门"。

六、尼姆水道

尼姆水道（图11-9）位于法国嘉德省，坐落在尼姆城东北郊外的加尔河上，也译作加尔桥、嘉德水道桥。它是世界上现存最大的古罗马引水渠，也是罗马帝国时期最高的高架引水桥。

图11-8　君士坦丁凯旋门

图11-9　尼姆水道

为了引水入尼姆城，在公元50年，古罗马人修建了一座长达50千米的高架渠，尼姆水道就是其中最坚固的一段。尼姆水道长为270米，高约50米，桥身由每块重达六吨的石头砌成。其上下分为三层，每层都有数目不等的圆形桥拱。25米长的桥拱跨度保证了河水的流畅及来往船只的通行无阻，同时考虑到河水时有泛滥，桥墩底部还设计了分水角，桥身呈现轻度弧度。它是古罗马高度发达的水利工程技术的绝好例证。

1. 简述古罗马五种柱式的特征。
2. 古罗马人是怎样将柱式和拱券结合使用的？

扫码查看更多图片

你认为古希腊建筑和古罗马建筑的最大差别是什么？为什么会形成这些差别？

第十二章 欧洲中世纪建筑

第一节 拜占庭建筑

公元395年，罗马皇帝迪奥多西一世驾崩，帝国顺势一分为二交给他的两个儿子治理。西边部分仍然以罗马城为首都，称为西罗马帝国；东边部分以君士坦丁堡为首都，称为东罗马帝国，由于君士坦丁堡的原址叫作拜占庭，因此，东罗马帝国也史称拜占庭帝国。

公元479年，西罗马帝国被北方蛮族所灭，而东罗马帝国则延续了近千年之久。从西罗马帝国灭亡到公元14—15世纪资本主义制度萌芽出现的这段欧洲封建制度时期被称为中世纪。

拜占庭帝国因为欧洲大陆经济重心的东移而保持了持续的繁荣，创造出了个性很强的建筑风格——拜占庭建筑。从历史发展的角度来看，拜占庭建筑是在继承古罗马建筑文化的基础上发展起来的，同时，由于地理原因，它又汲取了波斯、两河流域、叙利亚等东方文化，形成了自己的建筑风格，并对后来俄罗斯的教堂建筑、伊斯兰教的清真寺建筑产生了积极的影响。

拜占庭建筑按照历史发展过程可以分为以下三个阶段。

第一个阶段为兴盛期，时间范围为公元4—6世纪。这一时期是拜占庭帝国的强盛时期，也是拜占庭建筑最繁荣的时期。人们按照古罗马城的样子来建设君士坦丁堡，建筑作品多仿照古罗马式样，包括城墙、宫殿、广场、高架水道、公共浴场、教堂等。基督教成为国教后，拜占庭地区的教堂建筑变得越来越大，在公元6世纪出现了规模宏大的、以一个穹隆为中心的圣索菲亚大教堂。

第二个阶段为演进期，时间范围为公元7—12世纪。由于蛮族外敌相继入侵，导致拜占庭国土缩小，建筑活动开始减少，规模也大不如前。这一时期教堂建筑的特点是占地少、向高处发展，中央大穹隆被取消，改为几个小穹隆群，并着重于内部装饰。这一时期的代表性建筑主要有威尼斯的圣马可教堂。

第三个阶段为衰退期，时间范围为公元13—15世纪。经过十字军数次入侵后，拜占庭帝国元气大伤，无力再兴建大型公共建筑和教堂。这一时期建造的建筑数量不多，也缺少创新，在奥斯曼帝国灭亡拜占庭帝国后，大多数建筑遭到损毁。

一、拜占庭建筑的特点

公元前1世纪中叶，在西亚的巴勒斯坦一带诞生了一种新的宗教——基督教，它是由古犹太教的一个教派演化而来的。基督教在公元前4世纪取得合法地位后，逐渐成为罗马占统治地位的宗教。随着罗马帝国的分裂，基督教也分为两个派系，西罗马帝国境内的基督教被改称为天主教，而迁移到东罗马帝国的教廷则坚称自己才是正统基督教，所以被称为东正教。

拜占庭时期，宗教建筑成为最重要的建筑类型。最早的教堂形制源于罗马的长方形会堂，称为巴西利卡式。到公元5—6世纪，由于东正教不像天主教那样重视圣坛上的神秘仪式，它宣扬信徒之间的亲密一致，因而集中式形制的教堂开始增多。

集中式教堂的决定因素是穹顶。在方形平面上盖穹顶，要解决两种几何形状之间的承接过渡问题。拜占庭建筑借鉴了巴勒斯坦的传统，彻底解决了在方形平面上使用穹顶的结构和建筑形式问题。

其做法是：沿方形平面的四边发券，在四个券之间砌筑以对角线为直径的穹顶，这个穹顶的重量完全由四个券承担。后来，为了进一步完善集中式形制的外部形象，又在四个券的顶点之上作水平切口，在这切口之上再砌半圆的穹顶。更晚时期，则先在水平切口上砌一段圆筒形的鼓座，将穹顶砌在鼓座上端。这样，穹顶在构图上的统率作用就会被大大加强，主要的结构因素都获得了相应的艺术表现。

水平切口所余下的四个角上的球面三角形部分，称为帆拱（图12-1）。帆拱的出现既可使建筑方圆过渡自然，又扩大了穹顶下空间，成为拜占庭建筑结构中最具有特色的部分。帆拱、鼓座、穹顶相结合的这一套拜占庭建筑的结构方式和艺术形式，后来在欧洲广泛流行。

总的来说，拜占庭建筑的特点可以概括为以下四个方面。

（1）屋顶普遍使用穹隆顶。

（2）整体造型中心突出。体量高大的圆穹顶，往往成为整座建筑的构图中心，围绕这一中心部件，周围又常常有序地设置一些与之协调的小部件。

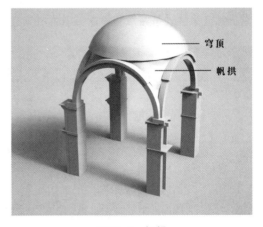

图12-1　帆拱

（3）创造了把穹顶支承在独立方柱上的结构方法和与之相应的集中式建筑形制。

（4）建筑装饰多采用彩色云石或琉璃砖镶嵌画和彩色面砖饰面。在色彩的使用上，既注意变化，又注意统一，使建筑内部空间与外部立面显得灿烂夺目。

二、圣索菲亚大教堂

圣索菲亚大教堂是位于现今土耳其伊斯坦布尔的一座宗教建筑，有着近一千五百年的漫长历史，其因巨大的圆顶而闻名于世，是拜占庭帝国极盛时期的纪念碑。它的突出成就是创造了以帆拱上的穹顶为中心的复杂拱券结构平衡体系，是一幢"改变了建筑史"的拜占庭式建筑的典范。

圣索菲亚大教堂建于公元532—公元537年，由拜占庭皇帝查士丁尼一世下令建造。刚竣工时的圣索菲亚大教堂是巴西利卡形制的，它融合了罗马式长方形教堂与中心是正方形教堂的特点。圣索菲亚大教堂的平面近似正方形，采用了希腊式十字架的造型。东西长为77米，南北为71.7米，中央大厅上方由大穹顶覆盖，穹顶的直径为32.6米，中心高度为55米，空间上比罗马万神庙更为高敞宽阔。亚索菲亚大教堂建成后保持着世界上最大教堂的地位近一千年之久，直到公元1519年被塞维利亚主教座堂取代。

圣索菲亚大教堂（图12-2）的集中式构图原则非常明显。中央穹隆突出，四面体量相仿但有侧重，前面有一个大院子，正南入口有两道门庭，末端有半圆神龛。穹顶通过帆拱支承在四个大柱敦上。其横推力由东、西两个半穹顶及南、北各两个大柱墩来平衡。

圣索菲亚大教堂的内部空间丰富多变，穹隆之下，与柱之间，大小空间前后上下相互渗透，穹隆底部密排着40个窗洞，将自然光线引入教堂，光影变幻，增强了教堂内的宗教气氛。教堂内壁全部采用彩色大理石砖和五彩斑斓的马赛克镶嵌画装点铺砌。这些色彩交相辉映，既丰富多彩、富于变化，又和谐相处，统一于一个总体的意境，即神圣、高贵和富有，如图12-3所示。

公元1453年，奥斯曼土耳其的军队一举攻破了君士坦丁堡，把供奉上帝的基督教教堂改建成为清真寺，并在原来建筑的四角各建了一座伊斯兰式的尖塔。今天的圣索菲亚大教堂俨然成为展现基督教和伊斯兰教两种文化的宝贵殿堂。

图12-2　圣索菲亚大教堂

图12-3　圣索菲亚大教堂内部

第二节　罗马风建筑

公元9世纪左右，西欧进入封建社会，其建筑艺术继承了罗马的半圆形拱券结构，形式上略有古罗马的风格，因此称为罗马风建筑。它所创造的扶壁、肋骨拱与束柱在结构与形式上都对后来的建筑影响很大。

一、罗马风建筑的特点

罗马风建筑多见于修道院和教堂。古罗马晚期，基督教的活动变得合法化。信徒们集会和进行宗教仪式都需要一个广阔的内部空间。因为基督教没有自己的建筑传统，所以借用了当时古罗马原有的一种叫作"巴西利卡"的公共会堂来作为自己的教堂。

巴西利卡是古罗马常见的公共建筑，平面呈长方形，两端或一端有半圆形龛，纵向的几排柱子将其分为中厅和侧廊两大部分，中厅比侧廊高，两侧可开高侧窗。大多数巴西利卡为木屋架，支柱较细。因其容量大，且结构简单，所以，基督教在发展的早期阶段沿用了巴西利卡的建筑布局来建造新教堂。巴西利卡式教堂内部如图12-4所示。

图12-4　巴西利卡式教堂内部

随着宗教仪式的不断发展复杂化，圣坛原来的空间逐渐显得不够用了，于是就在它前面加了一条横向的空间，规模较大的也有柱廊，这样就形成了一个十字形的平面布局，它的显著特征是竖向比横向要长很多，这种形式叫作"拉丁十字"式。由于这种形式状如十字架，象征了基督的受难，因此，天主教会把它当作最正统的教堂形制，在西欧地区被广泛采用。

经过长期的演变，基督教堂逐渐用拱顶取代了初期的木结构屋顶。同时，对罗马的拱券技术也在不断地进行试验和发展，采用了扶壁以平衡沉重拱顶的横椎力，后来又逐渐使用骨架券代替厚拱顶。虽然教堂的平面一直保持着拉丁十字形，但出于向圣像、圣物膜拜的需要，在东端又开始增设若干小礼拜室，整个教堂的平面形式也越来越复杂。

总的来说，罗马风建筑的特点可以概括为六个方面。

（1）传承了早期基督教堂拉丁十字的平面形制。

（2）拱顶完全取代了屋顶的木屋架，后期用骨架券代替了厚拱顶，减轻了结构自重。侧廊外墙以扶壁来平衡中厅侧推力。

（3）沿用古罗马建筑中的一些构图要素，墙面多设计成连续的拱券，并用古典柱式与之衔接。

（4）墙体巨大而厚实，墙面上有大面积的马赛克贴画，主题多为圣经故事，增强了宗教气氛。

（5）中厅多布置得朴素简单，大小柱亦有韵律地交替布置。外部西面设一两座钟楼，有时拉丁十字交点和横厅上也有钟楼。

（6）墙体巨大而厚实，门洞采用同心多层小圆券，以减少沉重感。窗口窄小，在较大的内部空间造成阴暗神秘气氛。

随着罗马风建筑的发展，中厅建造得越来越高。为减少和平衡高耸的中厅上拱脚的横推力，并使拱顶适应于不同尺寸和形式的平面，后来创造出了哥特式建筑。罗马风建筑作为一种过渡形式，它的贡献不仅在于把沉重的结构与垂直上升的动势结合起来，而且还在于它在建筑史上第一次成功地把高塔组织到建筑的完整构图之中。

二、比萨大教堂

比萨大教堂位于意大利托斯卡纳省比萨城北面的奇迹广场上，是意大利中世纪最重要的建筑之一，也是比萨城的标志性建筑。该建筑是为了纪念比萨城的守护神圣母玛利亚而建造的，由雕塑家布斯凯托·皮萨诺主持设计。除大教堂外，周围还有一个圆形的洗礼堂和一个钟塔，构成了一组建筑群。这些建筑各自相对独立但又形成统一的罗马风建筑风格，如图12-5所示。

比萨大教堂始建于1063年，教堂平面呈长方形的拉丁十字形，长为95米，纵向有四排68根科林斯式圆柱。纵深的中堂与宽阔的耳堂相交处为一椭圆形拱顶所覆盖，中堂用轻巧的列柱支撑着木架结构的屋顶。教堂外墙是用红白相间的大理石砌成，色彩鲜明，具有独特的视觉效果。比萨大教堂的正立面（图12-6）高约32米，底层入口处有三扇大铜门，上方有描写圣母和耶稣生平事迹的各种雕像。大门上方是几层连列券柱廊，以带细长圆柱的精美拱圈为标准，逐层堆叠为长方形、梯形和三角形，布满整个正面。

图12-5　比萨大教堂建筑群

　　洗礼堂位于比萨大教堂前方约60米处，与教堂在同一中轴线上。它是一座圆形的大理石建筑，始建于12世纪中期。洗礼堂直径为39米，总高为54米，采用了罗马风建筑风格，但后来的一些工程采用了哥特式风格。其大理石外墙墙面的装饰华美，有一圈精致的尖拱券环绕着红中央大圆穹顶，是比萨大教堂的重要组成部分。

　　比萨斜塔位于比萨大教堂圣坛东南20余米处，是大教堂的独立式钟楼。它于1174年开始建造，原设计为八层，塔高为54.5米，全部采用大理石，重达1.42万吨。造型古拙而又秀巧，为罗马风建筑的范本。由于设计者忽略了地质情况，结果塔在砌到第三层时，开始出现倾斜现象，虽采取了补救措施，但仍无济于事。当塔在1350年建好时，塔顶已与地面垂线偏离2.1米，600年来塔身继续缓慢地向外倾斜，故称为"斜塔"，如图12-7所示。

　　比萨斜塔圆形的结构设计展现了它特有的独创性。整体的装饰格调延续了大教堂和洗礼堂的风格，墙面采用大理石和石灰石砌成深浅两种白色带，拱廊上方的墙面对阳光的照射形成光亮面和遮荫面的强烈反差，给人以塔内的圆柱相当沉重的印象。大教堂、洗礼堂和钟楼之间形成了视觉上的连续性。

图12-6　比萨大教堂正立面

图12-7　比萨斜塔

第三节　哥特式建筑

　　哥特式建筑，又译作歌德式建筑，是11世纪下半叶起源于法国，13—15世纪流行于欧洲的一种建筑风格。它由罗马风建筑发展而来，主要见于城市教堂中，也影响到了世俗建筑。因其是以法国为中心发展起来的，所以，哥特式建筑在当代普遍被称作"法国式"。

"哥特式"一词是在文艺复兴时期出现的，最初带有贬义。16世纪意大利文艺复兴的艺术思潮是崇尚古代希腊和罗马的艺术风格，而哥特式艺术与之趣味相异，因此被贬为半开化和野蛮的样式。乔尔乔·瓦萨里在他的《艺苑名人传》一书中，就以"野蛮的日耳曼风格"来形容这种建筑风格。

哥特式建筑以其高超的技术和艺术成就，在建筑史上占有重要地位。其最明显的建筑风格就是高耸入云的尖顶及窗户上巨大斑斓的玻璃画。1143年在法国巴黎建成的圣丹尼教堂被视为第一座哥特式教堂，其四尖券巧妙地解决了各拱之间的肋架拱顶结构问题，有大面积的花窗玻璃，为以后许多教堂所效法。世界上知名的哥特式建筑还有俄罗斯圣母大教堂、意大利米兰大教堂、德国科隆大教堂、英国威斯敏斯特大教堂、法国巴黎圣母院等。

一、哥特式建筑的特点

11世纪下半叶，哥特式建筑首先在法国兴起。当时法国一些教堂已经出现肋架拱顶和飞扶壁的造型。12世纪是法国哥特式建筑的发生与发展阶段。13世纪，法国哥特式建筑发展至纯熟境地。夏特尔大教堂展示了早期哥特式向盛期哥特式发展的不同阶段的风格。夏特尔大教堂之后，法国兴起大教堂建设高潮，哥特式盛期到来。兰斯大教堂、亚眠大教堂等都是盛期哥特式的伟大作品。

13世纪中叶以后，哥特式建筑愈发向轻盈和繁饰发展。先后出现了辐射式、火焰式等晚期哥特式建筑。法国哥特式建筑风格也传播到了欧洲各地，并在各地形成不同的风格特征。在英国有盛饰式、垂直式。典型的德国哥特式建筑则综合了法国盛期哥特式建筑和英国垂直式建筑的特点，以密集小尖塔为主要特征。意大利的哥特式则更多保留有古典和拜占庭的传统。德国的科隆大教堂被认为完美地结合了所有中世纪哥特式建筑和装饰元素。

总的来说，哥特式建筑的特点可以概括为以下六个方面。

（1）尖肋拱顶（图12-8）。哥特式建筑的尖肋拱顶是从罗马风建筑的圆筒拱顶改进而来的，每个拱顶有四根主骨，推力作用于四个拱底石上，这样拱顶的高度和跨度不再受限制。所有的内部空间以骨架券链接为整体，并且尖肋拱顶也具有向上的视觉暗示，高耸的屋顶也让室内变得更加明亮。

（2）飞扶壁，也称扶拱垛，是在墙的外面再附加上墙或其他结构，用以给承受着拱顶压力的墙提供一定的支撑作用，如图12-9所示。

在罗马风建筑中，圆形的穹顶非常沉重，产生向下和向外的张力，使得支撑穹顶的外墙不得不做得很厚重，且开口很少，采光通风较为困难。哥特式建筑在外墙之外的一段距离内立一排柱，每根柱身伸出一个或数个飞券支撑住外墙，抵消穹顶产生的外张力。有了飞扶壁，内墙就可以做薄，并且可以开窗了。

由于哥特式教堂越盖越高，飞扶壁的作用和外观不断被增强。亚眠大教堂的飞扶壁有两道拱壁，用以支撑来自推力点上方和下方的推力；沙特尔大教堂用横向小连拱廊增加其抗力；博韦大教堂则用双进拱桥增加飞扶壁的承受力。还有的在飞扶壁上又加装了尖塔以改善平衡。这些飞扶壁上往往还有繁复的装饰雕刻，轻盈美观，高耸峭拔。

图12-8　哥特式教堂的尖肋拱顶

图12-9　哥特式教堂的飞扶壁

（3）花窗玻璃（图12-10）。哥特式建筑逐渐取消了台廊、楼廊，增加了侧廊窗户的面积，直至整个教堂采用大面积排窗。这些窗户既高且大，几乎承担了墙体的功能。窗户上应用了从阿拉伯国家学得的彩色玻璃工艺，拼组成一幅幅五颜六色的宗教故事，起到了向不识字的民众宣传教义的作用，具有很高的艺术成就。

花窗玻璃以红、蓝二色为主，蓝色象征天国，红色象征基督的鲜血。窗棂的构造工艺十分精巧繁复。细长的窗户被称为"柳叶窗"，圆形的则被称为"玫瑰窗"。花窗玻璃造就了

图12-10　哥特式教堂的花窗玻璃

教堂内部神秘灿烂的景象，从而改变了罗马风建筑中因采光不足而沉闷压抑的感觉，并表达了人们向往天国的内心理想。

（4）束柱。哥特式建筑中的柱子不再是简单的圆形，而是多根柱子合在一起，强调了垂直的线条，更加衬托了空间的高耸峻峭。这些束柱往往没有柱头，许多细柱从地面直达拱顶，成为肋架。有的拱顶上会出现装饰肋，肋架变成星形或其他复杂形式。

（5）十字平面。哥特式教堂的平面基本为拉丁十字形，这是继承自罗马风建筑，但扩大了祭坛的面积。

（6）内陷的尖拱门和雕塑。由于承重的原因，底层的墙非常厚。为了让群众在进教堂时不至于对墙的厚度感到不舒服，建造者经常把大门设计成层层推进的，并雕刻上圣徒的像以分散人们的注意力。

二、巴黎圣母院

巴黎圣母院大教堂坐落于巴黎市中心的西堤岛上，是天主教巴黎总教区的主教座堂，如

图12-11所示。巴黎圣母院始建于1163年，1345年完工，历时182年。它是巴黎第一座哥特式建筑，也是最有特色的哥特式建筑之一。它的建造全部采用石材，其特点是高耸挺拔，辉煌壮丽，整个建筑庄严和谐。雨果在其同名文学作品《巴黎圣母院》中比喻它为"石头的交响乐"。

整个教堂坐东朝西，平面呈横翼较短的拉丁十字形，长为130米，宽为47米。中部大堂顶高为35米，拱顶结构轻快流畅，堂内空间宽敞，并排有两列长柱，柱

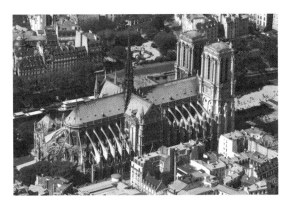

图12-11　巴黎圣母院全景

子高达24米，直达屋顶。两列柱子之间的距离约为16米，不到屋顶高度的一半，从而形成狭窄而高耸的空间，给人一种向上升腾和飞升的幻觉。

圣教堂的正外立面风格独特，结构严谨，外观雄伟庄严。它被壁柱纵向分隔为三大块，三条装饰带又将它横向划分为三部分。其中，最下面有三个内凹的桃形门洞。门洞上的雕刻精巧无比，多为圣经中的人物。门洞上方是所谓的"国王廊"，上面有分别代表以色列和犹太国历代国王的二十八尊雕塑。长廊上面为中央部分，两侧为两个巨大的石质中棂窗子，中间一个玫瑰花形的大圆窗，其直径约为10米，建于公元1220—1225年。顶层是一排细长的雕花拱形石栏杆，栏杆上塑造了一个由众多神魔精灵组成的虚幻世界。左右两侧顶上是两座高达69米的塔楼，没有塔尖，其中一座塔楼内悬挂着一个重达13吨的大钟。

巴黎圣母院集宗教、文化、建筑艺术于一身，一直是法国宗教、政治和民众生活中重大事件和举行典礼仪式的重要场所。它不仅是古老巴黎的象征，更是法国人民智慧的结晶。图12-12所示为巴黎圣母院正立面。

三、米兰大教堂

米兰大教堂又称为"杜莫主教堂"（图12-13），位于意大利米兰市中心，是米兰的主座教堂，也是世界五大教堂之一，规模位居世界第二，仅次于梵蒂冈的圣彼得教堂。米兰大教堂于1386年开工建造，1500年完成拱顶，1774年将中央塔上的镀金圣母玛利亚雕像就位。1965年完工，前后历时五个多世纪。它不仅是米兰的标志和精神象征，也是世界建筑史和世界文明史上的奇迹。

米兰大教堂的最初设计者是15世纪意大利建筑巨匠伯鲁乃列斯基。在其后的几百年间，意大利、德国、法国等国家的建筑师先后参与了主教堂设计。12至15世纪，哥特式建筑风格在欧洲流行，奠定了这座教堂的哥特式风格基调。在内部装饰上，因为17、18世纪巴洛克风格在欧洲的兴起，所以也融入了巴洛克风格。总体来看，米兰大教堂的建筑风格十分独特，汇集了多种民族的建筑艺术风格。

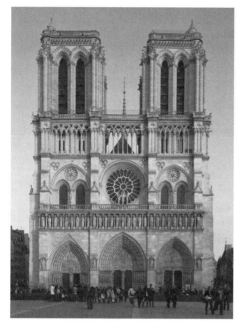

图12-12　巴黎圣母院正立面　　　　　　　　图12-13　米兰大教堂

整个教堂的外观极尽华美，主教堂用白色大理石砌成，是欧洲最大的大理石建筑，有"大理石山"之称。马克·吐温曾形容它是"建筑师眼中的一团白色火焰"。教堂长为158米，最宽处为93米，塔尖最高处达108.5米。总面积11 700平方米，可容纳35 000人。

米兰大教堂是世界上最大的哥特式建筑，也是世界上雕塑最多的建筑和尖塔最多的建筑，教堂内外墙等处均点缀着圣人雕像，共有6 000多座，仅教堂外就有3 159尊之多。各种雕像千姿百态，主题多为圣经故事等宗教题材。教堂顶部耸立着135个尖塔，每个尖塔上也都有精致的人物雕刻。所有的尖塔指向苍穹，整齐划一，像浓密的塔林刺向天空，使整个建筑幻化出一种升腾感，就像是一座矗立在眼前的"天空之城"。

 **思考题**

1. 简述哥特式教堂的特点。
2. 巴西利卡这种建筑为什么会被基督教选中作为早期的教堂使用？

 **课后拓展**

为什么哥特式教堂能够建造得很高，它的建筑原理是什么？

扫码查看更多图片

第十三章 意大利文艺复兴建筑与法国古典主义建筑

第一节 意大利文艺复兴建筑

文艺复兴是指14世纪在意大利兴起，至16世纪在欧洲盛行的一场思想文化运动。其核心是人文主义精神。其特征是复兴被遗忘的古希腊和古罗马的古典文化及人文秩序，摒弃一切仅为宗教奉献的观念。从本质上来说，文艺复兴是欧洲资本主义文化思想的萌芽，是新兴资本主义生产关系的产物。

人文主义精神的核心是提出以人为中心而不是以神为中心，肯定人的价值和尊严。主张人生的目的是追求现实生活中的幸福，倡导个性解放，反对愚昧迷信的神学思想，认为人是现实生活的创造者和主人。文艺复兴艺术还对人体美进行了歌颂，主张人体比例是世界上最和谐的比例，并将它应用到了建筑上。

文艺复兴建筑是欧洲建筑史上继哥特式建筑之后，伴随着文艺复兴运动而诞生的一种建筑风格。其最明显的特征是扬弃了中世纪时期的哥特式建筑风格，在宗教和世俗建筑上重新采用古希腊和古罗马时期的柱式构图要素。文艺复兴时期的建筑师和艺术家们认为，哥特式建筑是基督教神权统治的象征，而古代希腊和古罗马的建筑是非基督教的。他们认为这种古典建筑，特别是古典柱式构图体现着和谐与理性，并同人体美有相通之处，这些正符合文艺复兴运动的人文主义观念。

一、发展概况

文艺复兴建筑产生于15世纪的意大利，后传播到欧洲其他地区，形成了带有各自特点的各国文艺复兴建筑。意大利文艺复兴建筑在整个文艺复兴建筑中占有极其重要的位置。

按照历史发展进程，文艺复兴建筑大致可分为早期、盛期和晚期三个阶段。

（一）早期（15世纪）

文艺复兴建筑的早期以佛罗伦萨的建筑活动为代表，这一时期重要的建筑师有伯鲁乃列斯基、米开朗基罗、阿尔伯蒂等。

伯鲁乃列斯基是意大利早期文艺复兴建筑的奠基人，出身于行会工匠，精通机械、铸工，是杰出的雕刻家、画家、工艺家和学者。他在透视学和数学等方面都有过建树，被视为透视法的发明人。他还精研古代与罗马式的风格典范，并将原始风格转化为一系列的文艺复兴原型建筑，以优雅、简洁、比例完美而著称。他设计的佛罗伦萨主教堂中央穹顶，首次采用古典建筑形式，打破了中世纪天主教教堂的构图手法，以其高大的体量和简洁的外形完美体现了古罗马的理性和秩序原则。而巴齐礼拜堂的形制则借鉴了拜占庭，正中一个帆拱式穹顶，内部和外部都由柱式控制，力求风格的轻快和简练明晰。在育婴院的拱廊中，采用了古典的混合柱式与上部的半圆拱组合成券柱式，顶棚采用了垂拱形式，下面以帆拱承接，在趣味上显示了向古罗马时代的回归，成为早期文艺复兴风格的标志性作品。

米开朗基罗不仅是伟大的雕刻家和画家，也是一名杰出的建筑家。他倾向于把建筑当雕刻去看待，强调的是建筑的体积感，利用强有力的体积和光影对比，赋予建筑刚健挺拔的精神，不严格遵守建筑的结构逻辑。他设计的劳伦齐阿纳图书馆，在室内采用外立面的处理手法，壁柱、龛、山花、线脚起伏很大，突出垂直划分。强烈的光影和体积变化，使它们具有紧张的力量和动感。

阿尔伯蒂的建筑作品充分表现了他对和谐比例与正确运用古典秩序的兴趣。鲁切拉府邸是其代表作，其立面模仿古罗马斗兽场，分为三层，在不同楼层采用不同的柱式——多立克柱式、爱奥尼柱式、科林斯柱式。每层都有水平向线脚，在大厦顶部设计了一个向外突出的檐口，遮住屋顶，这成为文艺复兴建筑的一大特色。此外，阿尔伯蒂撰写的《论建筑》是继《建筑十书》之后第二本对后世影响深远的建筑学著作，是意大利文艺复兴时期最系统、最重要的建筑理论书籍。

（二）盛期（15世纪末—16世纪上半叶）

文艺复兴建筑的盛期以罗马地区的建筑活动为代表，这一时期重要的建筑师有伯拉孟特、小桑迦洛等。

伯拉孟特设计的坦比哀多小神庙是盛期文艺复兴建筑纪念性风格的典型代表。它是一座集中式的圆形建筑物，神堂外墙面直径为6.1米，周围由16棵柱子组成一圈多立克式的柱廊，连同穹顶上的十字架在内，总高度为14.7米。整座建筑体量虽然不大，但构图丰富，有很强的层次感和体积感，拥有多种几何体的变化，虚实映衬，外观十分雄健刚劲。其以高居于鼓座之上的穹顶统率整体的集中式形式，在西欧是前所未有的大幅度的创新，在当时赢得了很高的声誉。它的形体和比例成为后来建筑师创作的母本，如罗马圣彼得教堂、伦敦圣保罗大教堂、巴黎的万神殿和华盛顿国会大厦等。

法尔尼斯府邸位于罗马，是小桑迦洛的杰作。法尔尼斯府邸为封闭的院落，内院周围是券柱式回廊。入口、门厅和柱廊都按轴线对称布置，室内装饰富丽。外立面宽为56米，高为29.5米，分为三层，用线脚隔开，类似古罗马大角斗场立面的构图，形式很壮观。墙面运用外墙粉刷与隅石的手法，顶上的檐部很大，和整座建筑比例比较契合。正立面对着广场，气派庄重，具有有一定的纪念性。

（三）晚期（16世纪中叶—16世纪末）

文艺复兴建筑的晚期以意大利北部维琴察的建筑活动为代表。这一时期重要的建筑师有帕拉第奥、维尼奥拉等。

帕拉第奥是文艺复兴建筑晚期最有影响力的建筑师之一，他继承其他先驱的传统，创造出一种精致而容易模仿的古典风格，以优雅、对称为最大特色。其立面构图处理是柱式构图的重要创造，称为"帕拉第奥母题"。

帕拉第奥母题的具体构图形式是：在由两棵柱子所限定的开间的中央按适当比例发一个券，把券脚落在两棵独立的小柱子上，这样，每个开间就被分成了三个小开间。小柱子距离大柱子一米多，上面架着额枋，为了取得视觉上的平衡，又各在小额枋之上，券的两侧各开一个洞。整体形象完整，极富韵味。这是自罗马人创造"角斗场母题"和"凯旋门母题"之后对古典柱式构图的重要创造，帕拉第奥母题因此闻名世界。

维琴察的巴西利卡（也称维琴察大会堂）坐落在城市中心的领主广场上，是帕拉第奥的代表作之一，也是维琴察的地标性建筑。它是在原14世纪法院与市政厅基础上扩建的一个建筑物。在扩建过程中，帕拉第奥为旧建筑添加了一个大理石外壳，包括凉廊和柱廊。由于原先的建筑结构已经确定，外立面开间的比例并不适合古典的券柱式构图。在这种情况下，帕拉第奥创造了新的拱与柱的结合方式——帕拉蒂奥母题。该建筑的成功也成为帕拉蒂奥在建筑师生涯中的转折点。

帕拉蒂奥设计的维琴察圆厅别墅是其最著名的代表作之一。他将一般用于教堂的希腊十字形集中式平面布局运用到宫殿府邸建筑中。中心部分是一个圆形大厅，上方是带鼓座的穹顶，四个立面几乎完全相同，都有一个正面六柱的罗马神庙式门廊。这种几乎完美的集中式形象成为后世众多建筑师效仿的对象。

1554年，帕拉第奥出版了他的古建筑测绘图集，1570年，又出版了他的主要著作《建筑四书》，其中包括关于五种柱式的研究和他自己的建筑设计。《建筑四书》是文艺复兴时期最重要的建筑理论著作之一，也是流传范围最广、影响时间最久的建筑学著作之一，是古典主义建筑原则的奠基之作。

1562年，维尼奥拉发表了名著《五种柱式规范》，以简单的模矩关系诠释五大柱式，提供了更精准运用柱式的方法，成为文艺复兴晚期以及后来古典复兴、折中主义建筑的古典法式。

在文艺复兴时期，建筑类型、建筑形制、建筑形式都比以前有所增多。建筑师在创作中既体现统一的时代风格，又十分重视表现自己的艺术个性。他们一方面采用古典柱式，另一方面又灵活变通，大胆创新，甚至将各个地区的建筑风格同古典柱式融合在一起。他们还将文艺复兴时期的许多科学技术上的成果，如力学上的成就、绘画中的透视规律、新的施工机具等，运用到建筑创作实践中去。

总之，文艺复兴建筑，特别是意大利文艺复兴建筑，呈现出空前繁荣的景象，是世界建筑史上的一个大发展和大提高的时期。

二、佛罗伦萨主教堂

佛罗伦萨主教堂为意大利著名天主教堂，又名圣母百花大教堂，是世界五大教堂之一，如图13-1所示。佛罗伦萨主教堂建于1296—1462年，是由大教堂、钟塔与洗礼堂构成的一个建筑群。

佛罗伦萨作为意大利文艺复兴时期的中心城市，在欧洲经济中占有重要地位。公元1293年，佛罗伦萨市内行会为抵制封建领主纷纷起义，使佛罗伦萨成为一座城市自治的共和国。为了纪念这场平民斗争

图13-1　佛罗伦萨主教堂

的胜利，市政当局决定兴建一座圣母百花大教堂，用以表彰市民的力量与财富。

教堂于1296年奠基，由当时极负盛名的建筑师迪坎比奥主持建造。1302年，迪坎比奥去世，教堂因此停工。此后由乔托、皮萨·诺等人接手教堂的建造工作，但由于建筑物过于宏大，古罗马时期的混凝土技术也已失传，使得穹顶的建造在当时遇到了巨大的难题，因此被搁置。

1418年，佛罗伦萨市政府公开征集能够设计并建造大穹顶的方案，金匠出身的建筑师伯鲁乃列斯基在竞争中胜出，成为总建筑师。在此之前，伯鲁乃列斯基做了大量准备工作。1404年左右，他就曾和朋友一起前往罗马，测绘古代遗迹，并仔细考察和研究了古罗马的穹顶构造技术。

教堂穹顶工程的建设自公元1420年开始，公元1436年完成，历时14年。其内部直径为42.5米，与当时世界上最大的罗马万神庙的穹顶相接近。但穹顶的内部高度为52米，大大超越了万神庙。虽然万神庙在构造上能够带给人们很多可借鉴的地方，但由于木材的缺乏，混凝土配方的失传，以及教堂已建成部分被用于宗教活动等原因，决定了伯鲁乃列斯基无法重复罗马人建造万神庙的方法。因此，在建造穹顶时，他没有采用当时流行的"拱鹰架"圆拱木架，而是采用了新颖的"鱼刺式"砖石堆砌的建造方式，从下往上逐次砌成。穹顶的基部平面呈八角形，基座以上是各面都带有圆窗的鼓座。为减弱穹顶对支撑的鼓座的侧推力，伯鲁乃列斯基在结构上大胆采用了双层骨架券，穹顶因此形成中空的内外两层，两层之间的空隙内设阶梯以供攀登。穹顶内部由8根主肋和16根间肋组成，每两根主肋之间由下至上水平地砌9道平券，把主肋、间肋连成一个整体。大、小肋券在顶上由一个八边形的环收束，环的上方正中央处有希腊式圆柱的尖顶塔亭，塔亭总计高达107米，如图13-2所示。

该整体构造合理，受力均匀。穹顶结构综合了哥特式建筑（肋骨拱）、古罗马建筑（拱券、穹隆顶）、拜占庭建筑（鼓座）的做法，将各种建筑风格中的元素完美地结合在一起。尤其是在穹顶下设置高为12米的鼓座的做法非常具有创新性，在减小侧推力的同时，还创造了一个崭新的饱满且充满张力的穹顶形象，使穹顶高高耸起，成为教堂的立面构图中心。

佛罗伦萨主教堂穹顶的成功建造标志着文艺复兴时期科学技术的普遍进步，也标志着意大利文艺复兴建筑的开始。

除大教堂以外，整个建筑群中的钟塔和洗礼堂也很精美。钟塔高约85米，分为五层，其最初于1334年由大画家乔托设计并监工，因此又称"乔托钟塔"。其风格上属于哥特式建筑，外观是一个四角形的柱状塔楼，墙体铺有白色大理石，比例匀称修长，整体纯净优雅。

图13-2　佛罗伦萨主教堂穹顶

钟塔高88米，分4层，13.7米见方；建于1290年的洗礼堂高约31.4米，建筑外观端庄均衡，以白色、绿色大理石饰面。

洗礼堂位于大教堂西边数米，高约31.4米，7世纪即已建成，11世纪改建成今天的模样。整体为白色八角形罗马风建筑，外观端庄均衡，以白色、绿色大理石饰面。洗礼堂三扇铜门上刻有《旧约》故事的青铜浮雕，其中两扇为吉贝尔蒂所作，被米开朗基罗赞为"天国之门"。

三、圣彼得大教堂

圣彼得大教堂（图13-3）位于意大利首都罗马城西北角的梵蒂冈。它不仅是罗马基督教的中心教堂，欧洲天主教徒的朝圣地，还是梵蒂冈罗马教皇的教廷。

公元326—333年，君士坦丁大帝在圣彼得墓地上修建了一座教堂，即老圣彼得大教堂，它是一座巴西利卡式的建筑。1452年，教皇尼古拉五世下令重建老圣彼得大教堂。1506年，教堂由意大利最优秀的建筑师伯拉孟特、米开朗基罗、拉斐尔、小桑加洛、玛丹纳等相继主持设计和施工，直到1626年才正式宣告落成，也称为新圣彼得大教堂。

图13-3　圣彼得大教堂

在圣彼得大教堂长达120年的建造过程中，经历了多次的改建和扩建，其中充满了矛盾和斗争。宗教捍卫者与人文主义者都希望按照自己的世界观来建造教堂，双方斗争的焦点集中在了对教堂平面布局的设计理念上，这个过程也生动地反映了意大利文艺复兴运动的曲折历程。

1506年，伯拉孟特开始主持设计、修建圣彼得大教堂。他的设计方案是被中央圆形穹顶统一的希腊十字式教堂，其四臂较长，四角还有相似而较小的十字式空间。它们的外侧是四个方塔。四个立面完全一样。大穹顶的鼓座上部围筑一圈柱廊，外形很像坦比哀多，是典型的文艺复兴建筑样式。

1513年，新教皇利奥十世上任，他要求恢复天主教仪式，教堂要能容纳更多的信徒。拉斐尔被任命为新工程的主持人，他保留了已经建成的东立面，但在构图上抛弃了伯拉孟特的希腊十字。拉斐尔在伯拉孟特未修建完成的教堂西部增加了一个长120米以上的巴西利卡，使其平面演化成了拉丁十字的形式。这样使得穹顶的统率作用遭到了严重的削弱，而教堂的西立面成了最主要的部分。

1517年，建造工程开始没多久，欧洲爆发了宗教改革运动，西班牙军队于1527年占领了罗马。因此，圣彼得大教堂工程在混乱中停顿了二十几年。至1534年，大教堂的工程再度进行，建筑师帕鲁齐想将方案改回集中式但没有成功。1536年，小桑加洛在教会的压力下维持了拉丁十字式的形制，但他巧妙地使教堂东部更接近伯拉孟特的方案，而在西部则以一个比较小的希腊十字代替了拉斐尔的巴西利卡，这样集中式的布局仍然占据主体地位。

1546年，米开朗基罗开始接手修建圣彼得大教堂，他抛弃了拉斐尔的拉丁十字式平面形制，基本上恢复了伯拉孟特的平面。大大加大了支撑穹顶的四个墩子，简化了四角的布局。在正立面设计了一个九开间的柱廊。他还大幅度修改了伯拉孟特的穹顶设计，将它以饱满的轮廓高举出来。这样一来，集中式的形制比拉丁十字式的外形更加完整和雄伟，纪念性也得到了加强，体积构图在这里远远超过立面构图，这些都是人文主义思想在建筑设计上的体现。

16世纪中叶，反宗教改革运动爆发，在天主教特伦特宗教会议上规定天主教堂必须是拉丁十字式。1605年，教皇保罗五世命令建筑师玛丹纳拆除正在建造中的米开朗基罗设计的教堂正面，并在前面增加了一段三跨的巴西利卡式大厅，将教堂最终改为了拉丁十字式平面。也正因为如此，圣彼得大教堂空间和外部形体的完整性遭到了严重的破坏。

圣彼得大教堂是目前世界上最大的教堂。总面积2.3万平方米，主体教堂高为45.4米，长约为211米，教堂内最多时可容纳6万人。中央最大穹顶为米开朗基罗设计，双重结构，外暗内明，内壁饰有色泽艳丽的镶嵌画和玻璃窗。穹顶直径为41.9米，与罗马万神庙相近，但内部顶点高达123.4米，几乎是罗马万神庙的三倍。穹顶的轮廓饱满而具有张力，鼓座上的壁柱、断折的檐部和龛造成明确的节奏，与圣坛墙面上的壁柱等相呼应，整体构图很完整。穹顶外部采光亭上的十字架尖端高达137.8米，为罗马全城的最高点，如图13-4所示。

教堂正立面宽115米，八根科林斯圆柱以中线为轴呈两边对称分布，另有四根方柱排在两侧，柱间设置有五扇大门供人出入。第二层楼上有三个阳台，中间的一个叫作祝福阳台，重大的宗教节日时教皇会在这个阳台上露面，为前来的教徒祝福。构图上每跨开间都不相等，显得比较杂乱。因立面上采用的是两层高的巨柱式，尺度过大，没有充分发挥出巨大高度的艺术效果。在教堂前面一个相当长的距离内，都不能完整地看到穹顶，因而使穹顶的统率作用消失了。

教堂的平顶上正中间站立着耶稣的雕像，他的十二个门徒的雕像在两边一字排开。廊檐两侧各有一座钟，右边的是格林威治时间，左边的是罗马时间。圣彼得大教堂代表了16世纪意大利建筑结构和施工的最高成就，也是意大利文艺复兴建筑最伟大的纪念碑。

图13-4　圣彼得大教堂穹顶

四、巴洛克建筑

巴洛克建筑是17—18世纪在意大利文艺复兴建筑基础上发展起来的一种建筑和装饰风格。其特点是外形自由，追求动感，喜好富丽的装饰、雕刻和强烈的色彩，常用穿插的曲面和椭圆形空间来表现自由的思想和营造神秘的气氛。

"巴洛克"一词源于葡萄牙语 "变形的珍珠"，引申意为 "不合常规的、稀奇古怪的"。欧洲人最初用这个词指缺乏古典主义均衡特性的作品。它原是18世纪崇尚古典艺术的人们对17世纪不同于文艺复兴风格的一个带贬义的称呼。如今这个词已失去了原有的贬义，仅指17世纪风行于欧洲的一种艺术风格。

16世纪中叶，随着封建势力的巩固，贵族复辟，共和国被颠覆，教廷着力恢复中世纪的种种制度。在这种情况下，建筑中出现了"形式主义"的潮流。其中，米开朗基罗开创了"手法主义"的先河，其主要特点是追求新颖怪异和不同寻常的效果，如玩弄光影、形体及装饰，以变形和不协调的方式表现空间等。17世纪，手法主义被天主教会所利用，发展成为巴洛克建筑。

巴洛克建筑打破了对古罗马建筑理论的盲目崇拜，也冲破了文艺复兴晚期古典主义者制定的种种规则，反映了向往自由的世俗思想；另外，巴洛克风格的教堂富丽堂皇，而且能营造出强烈而神秘的氛围，也符合天主教会炫耀财富和吸引更多异教徒皈依的要求。因此，巴洛克建筑从罗马发端后，不久即传遍欧洲，甚至影响到了美洲。17世纪中叶以后，巴洛克式教堂风靡一时，其中不乏新颖独创的作品。

（一）罗马耶稣会教堂

维尼奥拉在1568—1584年完成的罗马耶稣会教堂，被公认为是由手法主义转向巴洛克风格的代表作，如图13-5所示。教堂平面采用拉丁十字的巴西利卡形制，中厅宽阔，端部突出一个圣坛，十字正中升起一座穹顶以照亮圣坛，渲染出了浓重的宗教气氛。教堂两侧用两排小祈祷室代替了原来的侧廊，加强了中央大门的作用。

建筑外观对古典建筑语言进行了重新组合，扁柱、圆柱、双柱有机结合。教堂正门上面的檐部和山花被做成重叠的弧形和三角形。主入口上方有徽章形装饰，两侧的盲窗内矗立着人物雕像。中厅与侧廊外墙之间使用两个巨大涡卷，两侧的额枋也是凹凸变化的。

罗马耶稣会教堂具有的怪异的建筑形象，以结构严密和中心效果强烈显示出新的特色。不同于以往古典建筑中各组成部分的固定比例关系，它所呈现出的自由的新的组成元素被认为是巴洛克建筑的开端。

（二）圣彼得广场

圣彼得大教堂前的圣彼得广场，堪称世界上最对称、最壮丽的广场，如图13-6所示。它是罗马最大的广场，可容纳50万人，是罗马教廷用来从事大型宗教活动的地方。这个集中各个时代建筑精华的广场是由建筑大师贝尼尼于1667年设计的，历时11年修建完成，是巴洛克建筑的一个杰作。

圣彼得广场略呈椭圆形，长为340米、宽为240米，被两个弧形的长廊环绕。每个长廊由排成两行的142根塔斯干式的圆石柱支撑，每根石柱的柱顶，各有一尊大理石雕像，它们都是依照罗马天主教会历史上的圣男圣女形象雕刻而成，人物神态各异，栩栩如生。长廊内共有约120级台阶，内面两侧有列柱，通过逐渐变窄来夸大透视效果，同时配合采光，造成戏剧性的视觉效果。此外，广场与教堂之间还有一个梯形的广场连接，这种布局消除了常规透视方法的纵深感。在轴线上展开的空间宽度的变化，能够打破人们基于常规透视法的空间认知，从而获得一种独特的空间效果。

图13-5　罗马耶稣会教堂

图13-6　圣彼得广场

广场中间耸立着一座41米高的埃及方尖碑，方尖碑两旁各有一座造型讲究的喷泉，共有两层，上层呈蘑菇状，水柱落下，从四周形成水帘；下层呈钵状，承接泉水成细流外溢，潺潺有声。

弧形柱廊围合起椭圆形的广场，象征了天主教伸出的巨大手臂，拥抱来自世界各地的朝圣者，给人以世界中心的强烈印象。

圣彼得广场显示了巴洛克艺术的综合性、豪华性、装饰性和戏剧性，贝尼尼将雕塑、绘画和建筑融为一体的设计，制造出一种舞台上的幻觉效果。该广场后来成为其他广场建设的规范。

第二节　法国古典主义建筑

在意大利文艺复兴运动晚期，建筑中出现了两种倾向。一种是手法主义，这种风格的建筑师希望挣脱古典柱式的教条主义，追求建筑形式的变化和新奇，后在意大利发展成为巴洛克建筑。还有一种是学院派，该派进一步把古典柱式教条化，后被法国建筑师所继承，在新的历史条件下发展为古典主义建筑。

古典主义也是17世纪流行于欧洲文学艺术各个领域的一种艺术思潮。法国古典主义美学的哲学基础是唯理论，该理论认为艺术需要有严格的像数学一样明确清晰的规则和规范。法国古典主义形成于民族国家的中央集权专制制度之下，是法国的宫廷文化。

一、发展概况

法国在中世纪后期曾创造过哥特式建筑的辉煌历史。14世纪，法国发生了一系列的动乱，破坏了法国建筑艺术的发展。1337年到1453年，在法国土地上发生了英法百年战争，破坏惨重，建筑的发展几乎停滞。15世纪中叶，法国在经历了百年战争之后，科技和商业都有了发展，城市开始迅速扩大，出现了新兴的资产阶级。资产阶级出于发展工商业的利益需求，主张结束封建领主的割据和相互对抗，建立统一的民族国家。

15世纪末到16世纪初，法国国王在新兴资产阶级的支持下，实现了国家的统一，并建立了中央集权的专制君主制度。

17世纪，法国社会经济繁荣，文化昌盛，君主政体达到了前所未有的稳定阶段。这时在古典文化思潮下产生了法国古典主义建筑风格，并以此来鼓吹绝对君权和宫廷的唯理主义。法国古典主义建筑造型严谨，普遍应用古典柱式，内部装饰丰富多彩。其代表作是规模巨大、造型雄伟的宫廷建筑和纪念性的广场建筑群。

1671年，随着古典主义建筑风格的流行，法国在巴黎设立了建筑学院，学生多出身于贵族家庭，形成了崇尚古典形式的学院派。学院派建筑和教育体系一直延续到19世纪。该派有关建筑师的职业技巧和建筑构图艺术等观念，统治西欧的建筑事业达200多年。

总的来说，法国古典主义建筑大致经历了以下三个发展阶段。

（一）早期

早期即法国早期文艺复兴时期，建筑平面趋于规整，但形体仍复杂。这个时期的代表作品有尚堡府邸，其平面布局和造型还保持中世纪传统的特点，有角楼、护壕和吊桥，屋顶高低参差复杂；但其布局与造型上的对称、墙面的水平划分与细部的现浇处理则是文艺复兴时期的。

（二）古典时期

古典时期，法国宫廷建筑采用富于统一性与稳定感的构图手法来体现法国王权的尊严与秩序，建筑端庄、严谨、华丽、规模巨大。这个时期的代表作品有凡尔赛宫、卢浮宫。

（三）晚期

晚期的建筑讲究装饰，导致洛可可装饰风格的出现。

二、卢浮宫

卢浮宫是法国最大的王宫建筑之一，位于法国巴黎市中心的塞纳河北岸，是法国文艺复兴时期最珍贵的建筑物之一。它以收藏丰富的古典绘画和雕刻闻名于世，位居世界四大博物馆之首。

卢浮宫始建于12世纪末的法国国王菲利普·奥古斯多时代，当时是为加强巴黎防卫所建造的一处城堡。1546年，法兰西斯一世国王委派建筑师莱斯科将城堡改建成文艺复兴风格的宫殿。1624年，路易十三再次扩建这座王宫。到1660年左右，卢浮宫的四合院完成。但它的文艺复兴风格已经不能适应当时新的思想文化潮流。于是国王路易十四决定再对其进行大规模的扩建，重点是重建面对巴黎中心卢浮宫的东立面，使其更加雄伟壮观，适应当时的政治要求。

卢浮宫东立面全长为172米，高为28米，按照完整的柱式进行构图，横三纵五，即左右分为五段，上下分为三段。各部分都以中央一段为主，有起有止，有主有从，形成了一个统一整体。这种构图反映着以君主为中心的封建等级制的社会秩序，也是对立统一原则在构图中的成功运用。

从下往上的三个部分之间的比例为2∶3∶1。底层是基座，高为9.9米，中段是两层高的巨柱式柱子，高为13.3米，最上面是檐部和女儿墙。主体是由科林斯式双柱形成的空柱廊，简洁洗练，层次丰富。

在从右往左的五个部分中，两端及中央均采用了凯旋门式的构图。中央三间凸出，有双柱式柱廊，上设山花，统领全局。两端的凸出体作为结束部分，用壁柱作装饰，不设山花。它比中央部分略低一级，主轴线很明显。

整体而言，整个东立面的构图比例严谨，具有明晰、精确的几何性。它摒弃了烦琐的装饰和复杂的轮廓线，仅突出主题地采用了并列的古典式双柱来增加其雄伟感，从而使建筑古朴清新，庄严肃穆，气度雍容，具有强烈的纪念性效果。东立面的设计集中体现了古典建筑"理性的美"，一度成为18世纪和19世纪欧美官方和皇宫建筑效法的典范，如图13-7所示。

图13-7 卢浮宫东立面

在后续的修建中，建筑师又用同样的艺术处理对卢浮宫的南立面和北立面进行了重点加工。这样，经过连续好几代的重建，使卢浮宫从原先的四合院扩建成东西长达500米、占地18.3公顷的宏大的连续建筑体，成为欧洲最壮丽的宫殿之一，完美地体现了秩序、权力、崇高、伟大等象征意义。

总之，卢浮宫是法国建筑民族形式和新因素的完美结合，也是法国古典主义建筑里程碑式的作品。

三、凡尔赛宫

凡尔赛宫位于法国巴黎西南郊外凡尔赛镇，是巴黎著名的宫殿之一，占地面积120万平方米，其中园林面积达100万平方米，是欧洲最大的王宫。它是法国绝对君权最重要的纪念碑，也是法国17—18世纪艺术和技术的集中体现。

凡尔赛宫所在地区原是一片森林和沼泽荒地。1624年，法国国王路易十三买下此地并修建了一座二层的红砖楼房，当作狩猎行宫。1664年，路易十四决定将王室宫廷迁出混乱喧闹的巴黎城。经过考察和权衡，他决定以在凡尔赛的狩猎行宫为基础建造新宫殿。工程由当时著名的园林设计师勒诺特及著名建筑师勒沃负责。勒诺特在1667年设计了凡尔赛宫的花园和喷泉，勒沃则在狩猎行宫的西、北、南三面添建了新宫殿，将原来的狩猎行宫包围起来。原行宫的东立面被保留下来作为主要入口。1710年，凡尔赛宫宫殿和花园的建设全部完成。图13-8所示为凡尔赛宫示意图。

图13-8 凡尔赛宫示意图

整个王宫包括宫殿、花园与放射形大道三部分，其鸟瞰图如图13-9所示。

（1）宫殿建筑群坐西朝东，平面布局呈"凸"字形。中央部分供国王与王后起居与工作。"凸"字形底部向两侧伸展部分分别是南翼宫和北翼宫。南翼为王子、亲王与王妃、命妇所用，北翼为王权办公处，并设有教堂、剧院等。宫殿内共有700多间大、小厅室。厅室内富丽堂皇，雍容华贵，四壁装饰有十分珍贵的雕塑和油画作品，房间中配有特等家具，陈设着各种名贵古玩。

凡尔赛宫的宫殿建筑为古典主义风格，建造在人工堆起的台地上。南北长为400米，中部向西凸出90米，长为100米。其立面为标准的古典主义三段式处理，即将立面划分为纵、横各三段，建筑左右对称，造型轮廓整齐、庄重雄伟，被称为是理性美的代表。宫顶建筑摒弃了巴洛克式的圆顶和法国传统的尖顶建筑风格，采用了平顶形式，显得端正而雄浑。宫殿外壁上端，林立着大理石人物雕像，造型优美，栩栩如生。

（2）凡尔赛宫园林（图13-10）布置在宫殿的西面，占地670公顷。以建筑轴线为主轴线，长约三千米，是整个园林的构图中心。华丽的植坛、精彩的雕像、壮观的台阶和辉煌的喷泉均集中在轴线上或两侧。在这里，主轴线成为艺术中心，以及园林的艺术统率中心，以此来满足古典主义美学构图统一的要求。同时，众星拱月、主从分明的构图，反映了绝对君权的政治理想。中轴线两侧对称布置的次级轴线与宫殿的立面形式呼应，并与几条横轴线构成园林布局的骨架，编织成一个主次分明、纲目清晰的几何网络，并体现鲜明的政治象征意义。

（3）三条放射形林荫大道笔直地辐射出去，中央的一条道路通向市区，其他两条道路通向另外两座离舍。中央的一条还与后面园林的主轴线遥遥相接，而宫殿居于两者正中位置，象征着王权的至高无上。在观感上，凡尔赛宫犹如整个巴黎，甚至是整个法国的集中点。它的总布局对欧洲的城市规划有很大的影响。

凡尔赛宫中最为富丽堂皇的殿堂为国王接待厅，即著名的镜厅。1678年，孟莎担任凡尔赛宫的主要建筑师。他把西立面中央11个开间补上，并从两端各取出4个开间，造了一个长达19间的大厅。厅长为73米，高为13米，宽为9.7米，是凡尔赛宫最主要的大厅，用于举行重大的仪式。同西面的窗子相对，厅内东墙上安装了17面大镜子，镜厅由此而得名。墙

图13-9　凡尔赛宫鸟瞰图

图13-10　凡尔赛宫园林

面以白色和淡紫色大理石贴面，装饰有科林斯式的壁柱，柱身贴绿色大理石，柱头和柱础是铜铸的并镀金。整个镜厅的装修金碧辉煌，大量采用巴洛克的装饰手法。由镜厅眺望园林，视线深远，循轴线可达几千米之外的地平线。气势恢宏，令人叹为观止，如图13-11所示。

图13-11 凡尔赛宫镜廊

四、洛可可建筑

法国从18世纪初期逐步取代意大利的地位再次成为欧洲文化艺术中心，主要标志就是洛可可建筑风格的出现。洛可可风格是在巴洛克风格的基础上发展起来的一种纯装饰性风格，主要表现在室内装饰上。它发端于路易十四晚期，流行于路易十五时期，也常被称作路易十五式。

"洛可可"一词源于法语"萝卡那"，本意是贝壳工艺的意思，即以岩石和蚌壳作装饰的做法。1699年，建筑师、装饰艺术家马尔列在建筑的装饰设计中大量采用一种曲线形的贝壳纹样，由此而得名。洛可可风格最初出现于建筑的室内装饰，后逐渐扩展到绘画、雕刻、工艺品、音乐和文学领域。它以欧洲封建贵族文化的衰败为背景，表现了没落贵族阶层颓丧、浮华的审美理想和思想情绪。他们受不了古典主义的严肃理性和巴洛克的喧嚣放肆，转而追求华美和闲适。与法国古典主义和巴洛克建筑风格相比，洛可可建筑风格是一种更柔媚、更温软、更细腻也更琐碎纤巧的风格。

洛可可建筑风格的基本装饰特点是纤弱娇媚、华丽精巧、甜腻温柔、纷繁琐细，主要表现在以下几个方面。

（1）在室内中排斥一切建筑母题，过去用壁柱的地方改用镶板或镜子。装饰呈平面化，缺乏立体性。

（2）装饰题材趋向自然主义，最常用的是千变万化的舒卷着纠缠着的草叶。此外，还有贝壳、棕榈等，为模仿自然形态，室内部件往往做成不对称的形状、变化万千。

（3）惯用娇艳的颜色，常用嫩绿、粉红、玫瑰红等，线脚多为金色，天花板往往画着蓝天白云的天顶画。

（4）喜爱闪烁的光泽，墙上大量镶嵌镜子，悬挂晶体玻璃的吊灯，多陈设瓷器。壁炉用磨光的大理石。特别喜欢在镜前安装烛台，造成摇曳不定的迷离效果。

巴黎的苏比兹公馆椭圆形客厅是洛可可早期的代表作品。这是一座上下两层的椭圆形客厅，上层客厅整个椭圆形房间的壁面被八个高大的拱门所划分，其中四个是窗，一个是入口，另外三个拱门相应做成镜子装饰。天花板与墙体没有明显的界线，而是以弧形的三角状拱腹来装饰，里面绘有寓言故事的人体画。整个客厅被柔和的、带圆的曲线主宰着，使人忘记了室内界面的分界线，线条、色彩和空间结构浑然一体，如图13-12所示。

图13-12 苏比兹公馆

总体来说，洛可可建筑实质上是一种室内装饰艺术。建筑师的创造力不是用于构造新的空间模式，也不是为了解决一个新的建筑技术问题，而是研究如何才能创造出更为华丽繁复的装饰效果。这种风格在反对僵化的古典形式，追求自由奔放的格调和表达世俗情趣等方面起到了重要的作用，对城市广场、园林艺术以至文学艺术部门都产生了影响，一度在欧洲广泛流行。

 **思考题**

1. 简述佛罗伦萨主教堂穹顶的创新之处。
2. 简述巴洛克建筑的特点。

扫码查看更多图片

 **课后拓展**

从凡尔赛宫园林的特点来看，中西方皇家园林有什么不同之处？

第十四章 欧美资产阶级革命时期建筑

第一节 英国资产阶级革命时期的建筑

英国的资产阶级革命发生在工场手工业的时期，当时的资本主义发展不够充分，资产阶级的力量还不够强大，而且他们当中有许多是从封建贵族转化过来的。所以，这场革命是由资产阶级和新贵族结成联盟来进行的，这就决定了它的妥协性和不彻底性。

1649年，英国的大资产阶级和新贵族建立了英吉利共和国。1659年，为了镇压人民运动，大资产阶级和新贵族对国王妥协，于是斯图亚特王朝复辟。1688年，资产阶级又发动了宫廷政变，通过没有流血的"光荣革命"，最终在英国确立了君主立宪制度，资产阶级的政权就此得到了巩固。

资产阶级革命的曲折历程和资产阶级的妥协性导致英国既没有产生特色鲜明的新建筑艺术潮流，也没有足够的创造新文化的动力和自觉性，于是，法国古典主义建筑文化被拿来当作学习的榜样。

一、发展概况

英国资产阶级革命时期建筑按照历史的发展进程可以大致分为以下两个阶段。

（一）共和时期

在共和时期，由于经济困难，政治动荡，难以展开大规模的国家性的建筑活动。城市中的公司大楼、行会大厦、海关税卡等建筑逐渐增多。因为这一时期宗教政策宽容，一些因本国宗教迫害而来到英国的工匠，带来了技术和古典主义风格，使房屋建造的质量得到显著提高。一部分资本家租用城市土地进行有计划的建筑活动，形成了一些整齐的街道和广场，城市面貌有了一定的改善。

（二）复辟时期和君主立宪初期

1666年，伦敦发生了特大火灾，烧毁了很多市民的木结构房屋，整个城市都受到了严重影响。火灾过后，一些建筑师开始着手重建规划，这些重建规划大多体现了资产阶级的立场和诉求。其中最具代表性的建筑师是克里斯道弗·伦。在他的规划中，占据伦敦市中心的是交易所、税务署、造币厂和邮局等，而宫殿和教堂却不在其中。克里斯道弗·伦的规划虽然没有实现，但它体现了资产阶级的经济和政治力量的增长。

此外，复辟的国王下令在伦敦重建51所教区小教堂。这些教堂均采用巴西利卡式平面，形式仿照法国盛行的古典主义原则进行设计。值得一提的是，教堂的钟塔设计得相当成功，构图基本是一致的，但样式富于变化，很有特色。

这一时期的宫廷建筑空前繁荣，优秀的建筑师和工匠依然掌握在王室宫廷手中，为建造王宫与教堂服务。因此，重大的建筑活动仍然带有不少君主专制的色彩。在建筑风格上，帕拉蒂奥主义、荷兰古典主义与法国古典主义都对英国的建筑产生了影响。比较典型的建筑实例有罕帕顿宫、格林尼治大建筑群、圣保罗大教堂等。

二、圣保罗大教堂

圣保罗大教堂（图14-1）位于伦敦泰晤士河北岸，是英国国教的中心教堂。教堂最早于公元604年建立，后经多次毁坏、重建。中世纪时的大教堂为拉丁十字式的，在1666年的伦敦大火中被毁。

图14-1　英国圣保罗大教堂

1675年，克里斯道弗·仑提出的重建设计方案被通过，开始施工建设。新教堂最初为集中式形制，平面为八角形，中央是大穹顶，四个斜边作内凹的圆弧。其通体由简单的几何形组成，体现了理性主义者追求"最简单的关系"的思想原则，因而在结构上也得到了大大的简化。但是，由于复辟王朝的国王和教会的干涉，克里斯道弗·仑的设计方案被更改。教堂前面添加上了巴西里卡式大厅，后面增加了歌坛和圣坛，平面也因此变成了拉丁十字式。另外，教堂的外形改动也很大，穹顶上被增加了一个六层高的哥特式尖塔，以增加天主教气息。

复辟王朝于1688年被推翻，实行君主立宪制之后，克里斯道弗·仑立即抛弃了穹顶上的尖塔，重新设计了教堂的立面。但因为工程已经进行了很多，平面上已不好再做修改，所以，大教堂的拉丁十字形布局被保留了下来。而且为了和穹顶取得构图上的均衡，又在西立面增加了一对哥特式的尖塔，最终使得整座建筑的古典主义风格被削弱，含有一种混搭的气息。

教堂纵轴为157米，横轴为69米。十字交叉点的上方建有两层圆形柱廊构成的高鼓座，其上是巨大的穹顶。穹顶直径为34米，最高处离地111米。结构上较为特殊，内外共有三层。里面一层直径为30.8米，用砖砌成，厚度只有45.7厘米；最外一层是木结构，外表覆以铅皮，轮廓略向上拉长，使得穹顶显得更加饱满。在内、外两层穹顶之间用砖砌了一个厚45.7厘米的圆锥形的筒结构，用来支撑顶部采光亭的重量。这样的设计大大减轻了穹顶的重量。

穹顶坐落在鼓座上，鼓座又通过帆拱坐落在八个墩子上。鼓座也分为里外两层，里层鼓座直接支承穹顶重量，下径为34.2米，上径为30.8米，略微的倾斜使它能更好地抵挡穹顶的水平推力。外层鼓座是一个柱廊，以飞券跨过来分担穹顶的水平推力。这种结构汲取了哥特式教堂的建造经验，鼓座重量比文艺复兴以来的教堂都要轻得多。

教堂正立面是古典主义的风格，入口处的柱廊也分为两层，恰当地表现出了建筑物的尺度。四周的墙用双壁柱均匀划分，每个开间和其中的窗子都处理成同一式样，使建筑物显得完整、严谨。正面建筑的两端各有一个高大建筑，即后来增加的哥特式尖塔。从外形上看，整个建筑对称且雄伟。

圣保罗大教堂的结构非常出色，模数严整，关系明确，外观宏大开阔。在建筑形象上鲜明地表现出了唯理主义的世界观，体现了新时期科学和技术的巨大进步。它不仅是17世纪下半叶英国最重要的建筑物，也是英国资产阶级革命的纪念碑。图14-2为圣保罗大教堂鸟瞰图。

图14-2 英国圣保罗大教堂鸟瞰图

第二节 **法国资产阶级革命时期的建筑**

　　法国的资产阶级革命虽比英国晚了100多年，但法国资产阶级革命比英国进行得更广泛、更深入。1789年，法国资产阶级革命爆发，之后大资产阶级坚持君主立宪政体，背弃了共同参加革命的平民群体。1792—1793年，平民推翻君主统治，成立了共和国，雅各宾派掌握了政权。1794年，大资产阶级发动政变，颠覆了雅各宾派专政。1804年，拿破仑称帝，建立法兰西第一帝国，实行资产阶级军事独裁统治，为了打破封建主义的包围，发动了对全欧洲的战争。1815年，拿破仑帝国覆灭，旧王朝复辟，建立了资本主义生产关系之上的君主立宪制。

　　从1714年路易十四逝世到1815年拿破仑倒台，法国在这一百年间进行的建筑活动，清晰地反映了法国资产阶级革命的面貌，也鲜明地反映出法国社会在不同阶段的政治形式。

一、发展概况

　　法国资产阶级革命过程曲折复杂，在八十多年的时间里，先后出现过封建王朝复辟和帝国统治时期，经过了三次革命高潮，才最终使资产阶级政权稳定下来。按照历史的发展进程，可以将法国资产阶级革命时期的建筑概括地分为以下两个阶段。

（一）启蒙运动时期（18世纪）

　　18世纪，法国出现了大批思想家，他们批判封建专制制度，反对天主教会，认为人们生来就是自由和平等的。他们著书立说，培育了资产阶级的革命意识，被称为启蒙学者。

　　18世纪在法国历史上也被称为启蒙时期，启蒙运动主要包括两个方面：一方面以伏尔泰和狄德罗为代表，倡导理性，发扬科学精神，他们批判地考察宗教信仰、道德风尚、政治制度、学术文化等方面；另一方面以卢梭和孟德斯鸠为代表，他们高倡人性，鼓吹民主，从自然法、社会契约等基本的政治概念与研究方法出发，提出了分权制衡、人民主权等重要思想。启蒙运动声势浩大，对法国大革命产生了重要的影响，在建筑领域里也产生了一些倾向性鲜明的理论思想和有强烈表现力的创作。

　　到了18世纪中叶，在启蒙运动所提倡的科学精神的推动下，欧洲的考古工作进展很快。随着一个个古希腊、古罗马建筑遗址被发掘，使建筑师们开阔了眼界，掀起了研究古典时期建筑的热潮。由于古希腊建筑和古罗马建筑之间的巨大差异性，还在建筑界引发了一场关于古希腊建筑和古罗马建筑孰优孰劣的争论。

18世纪下半叶，法国建筑开始发生明显的变化。启蒙主义者提出的新建筑理论开始影响到建筑实践领域。因此，法国建筑师抛弃了洛可可的华丽冗余，转回到古典主义，但也批判学院式古典主义的教条理论。于是，他们纷纷向古罗马共和时代的建筑和古希腊时期的建筑学习，建筑风格普遍地趋向严峻简洁，排除华丽和纤秀。

在这一时期，法国公共建筑中最有成就的是剧院。其中最为突出的是波尔多剧院。剧院建于1773—1780年，外形十分简练，是一个长方形的六面体，没有凹凸进退，也没有附加的次要体积。正面由12根科林斯式巨柱构成宏伟匀称的门廊，没有基座层。门廊阳台上，并排竖立着12尊神态各异的雕像，都是希腊神话中的女神。两侧的第一层是敞廊，以上是沙龙之类的空间。外表十分单纯，犹如一座庄严的希腊式神庙。

（二）帝国时期（19世纪初）

1804年，拿破仑称帝后，在国内大力发展资本主义制度，保护资产阶级的既得利益；在国外用战争扫除欧洲封建势力，为国内资本主义的发展创造良好的国际环境。在拿破仑的统治下，法国开展了大规模的建筑活动，这些建筑一方面直接为发展资本主义经济服务，另一方面则颂扬了对外战争的胜利。它们也是拿破仑帝国的代表性建筑风格，因此被称为"帝国风格"。

帝国风格的主要特征是追求艺术形式的纪念性、宏伟性、严整性和序列性。这种风格的创造者皮谢尔和封丹都是拿破仑的御用建筑师，雄伟和壮丽是他们追求的审美理想。他们大量从古罗马、古希腊和古代埃及的建筑中汲取营养，甚至直接模仿罗马帝国时期的建筑。这些建筑一般体形高大，外形简单，线条僵直，由巨型列柱贯串上下，没有基座层。建筑外墙通常很少有装饰，也无水平划分，偶尔有几个壁龛，放置几尊古气盎然的雕像。室内装饰则体现出复古倾向，古典建筑中使用过的各种植物装饰如忍冬叶、橄榄枝等都被广泛采用，但更为精致和程式化。

虽然帝国风格很崇拜古典形式，但在建设的实践中却有一种折中主义的趋势。在这些建筑物身上，我们可以看到各种古典建筑风格的片段，如古罗马的军事标志、埃及的狮身人面像、伊特鲁里亚的花盆和文艺复兴的粉画等。这些杂糅在一起的元素，反映出这一时期建筑在政治影响下所具有的独特面貌。帝国风格的代表性建筑有巴黎军功庙、雄狮凯旋门、旺多姆广场的凯旋柱等。

二、巴黎万神庙

万神庙（图14-3）位于巴黎市中心塞纳河左岸拉丁区。它原是建于路易十五时代，献给巴黎守护神圣女什内维埃芙的教堂，设计师是著名的建筑师苏夫洛。公元1791年，教堂在法国大革命中被收归国有，经过改造后，被用作国家重要人物的公墓，更名为万神庙。它是法国18世纪最大的建筑物，同时也是启蒙主义思想的重要体现。

建筑平面呈希腊十字形，长为100米，宽为84米。西面柱廊有六根19米高的科林斯式柱子，顶上有山花，下面没有基座层，只有十一步台阶，形式上模仿了古罗马万神庙正面的构图。山花中的大型浮雕描绘了巴黎守护神圣女什内维埃芙正把花冠分赠给左右两边的伟人，其中一边是站立着的伏尔泰和卢梭。山花下的檐壁上刻有著名的题词："献给伟大的人们，祖国感谢你们。"

中央大穹顶位于十字的交叉点上，下面由细柱支承。穹顶有三层构造，内层直径为20米，中央有一个圆洞，从洞口可以看到第二层穹顶上面的粉彩画。外层穹顶也用石砌，下缘厚70厘米，而上面只有40厘米，穹顶尖端的采光亭

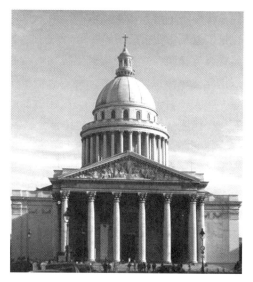

图14-3 巴黎万神庙

最高点高为83米。穹顶的造型模仿了英国的圣保罗大教堂，但没有去刻意地营造神秘的宗教气氛，而是具有世俗的、富丽堂皇的风格。

巴黎万神庙结构空前地轻，这是它的重要成就之一。墙体薄、柱子细，说明在建筑结构的科学性上有明显的进步。神庙除正面入口以外，其他方向的立面都是直接暴露的墙面，没有任何装饰。室内空间开朗，结构逻辑清晰，条理分明。由巨大科林斯柱及壁柱、圆拱、穹顶等构成了一个相当集约、气氛高亢的向上空间，很好地传承了古罗马万神庙的空间精神。

三、巴黎军功庙与雄狮凯旋门

（一）巴黎军功庙

巴黎军功庙（图14-4）位于协和广场南北轴线上的北部。1806年，拿破仑下令把在大革命前未完工的巴黎抹大拉教堂拆除，由建筑师维尼翁设计建造一座可以与希腊雅典古神庙相媲美的军功庙，作为纪念法兰西军队的荣誉殿堂。

军功庙正立面宽为43米，高为30米，全长为107米，体量巨大。建筑的灵感来源于古希腊神庙和古罗马神殿。外立面采用希腊科林斯柱式的围廊形式，正面有8根柱子，侧面为18根，柱高19米，柱间距完全相等。基部采用罗马神殿的高基坛形式，基座高7米。内部大厅

图14-4 巴黎军功庙

由三个扁平的穹顶覆盖，穹顶下有帆拱。穹顶用铸铁做骨架，这是最早的铸铁结构之一，也是工业革命积极成果的展示。

因为建筑师立意在形式上模仿古希腊和古罗马的建筑，没有创造新事物的自觉性，所以这座建筑虽然体量很大，但也有很多不完善的地方。如柱子之间距离很近，而且完全相等，给人一种沉重压抑之感。柱廊后面的围墙上没有任何窗户，墙体是大片无装饰的粗墙石，一切线条都是僵直的，显得十分呆板，缺少生气。

1808年，雄狮凯旋门完成后，军功庙的纪念意义被减弱。在拿破仑死后，该军功庙几经更名，现在为圣玛德莲教堂。

（二）雄师凯旋门

雄师凯旋门（图14-5）位于法国巴黎的戴高乐广场中央，香榭丽舍大街的西端。它是为了纪念拿破仑在1805年打败俄奥联军的胜利而修建的。该建筑虽然以古罗马的凯旋门为原型，但规模上更大，尺度也是古罗马时代难以比拟的。

雄师凯旋门于1806年8月15日奠基，1836年7月29日落成，全部为石材建造，门高为50米，宽为45米，厚为22米。四面有券门，中央券门高为37米，宽为15米。它尺度巨大，连墙上的浮雕人像也有5～6米高，造成了格外庄严、雄伟的艺术力量。它是世界上最大的凯旋门，也是帝国风格的代表性建筑。

雄师凯旋门采取了最简单的构图，其形式比古罗马的凯旋门简化很多。除基座、墙身和檐部外，再无别的分划。通体既没有柱子或壁柱装饰，也没有线脚。檐部加墙身加基座组成巨大的墩子，显得格外稳重有力，给人永恒的印象。在门两面的墙壁上，有四组以战争为题材的大型浮雕，分别是"出征""胜利""和平"和"抵抗"，如图14-6所示。这些巨型浮雕之上还配有六个平面浮雕，分别讲述了拿破仑时期法国的重要历史事件。门内则刻有跟随拿破仑远征的386名将军和96场胜利战争的名字。

图14-5　巴黎雄师凯旋门

图14-6　巴黎雄师凯旋门浮雕

雄师凯旋门建成后，堵塞了交通，因此，在它周围开拓了一个圆形的广场。在这个广场上，铺设有12条40～80米宽的大道，以凯旋门为中心，向四周辐射，气势磅礴，形似星光四射，因此被称为星形广场。在1970年戴高乐将军逝世后，该广场改称戴高乐广场。

第三节　18世纪下半叶至19世纪上半叶的欧洲各国建筑

18世纪下半叶至19世纪上半叶，欧洲很多国家在资产阶级革命的影响下，政治、经济和文化等方面都发生了重大变化。因为各国资本主义发展的程度不同，所以，各国建筑的发展面貌也不尽相同。民主运动和民族解放运动交织成为当时先进的思想文化潮流。在这股潮流之中，欧洲主要国家的建筑活动非常频繁，相继建造了一些大型的公共建筑，城市中心也随之形成。而此时依然存在的封建势力也改变策略，利用宗教和其他手段，竭力抵制先进的思想文化，掀起另一种建筑潮流。

总的来说，各国的思想文化和相应的建筑以各种方式发生联系并相互影响。尤其是法国建筑，对其他国家建筑的影响最大。

一、古典复兴

古典复兴建筑也被称为新古典主义建筑，它是18世纪60年代到19世纪末在欧美一些国家盛行的一种以复古为特征的建筑思潮。这种建筑思潮深受启蒙运动的影响，它的出现主要是为了满足新兴资产阶级的政治需要，即借助希腊的古典建筑和罗马的古典建筑来表现资产阶级所追求的民主、自由、光荣和独立。

古典复兴可以分为希腊复兴和罗马复兴两种倾向。在建筑形式上，重视柱式的使用，以古希腊神庙和古罗马广场、凯旋门、纪功柱等纪念性建筑为效法的对象，追求建筑的简单形体和纯洁高贵。采用古典复兴风格的建筑主要是国会、法院、银行、交易所、博物馆、剧院等公共建筑和一些纪念性建筑。这种建筑风格对一般的住宅、教堂、学校等影响不大。

（一）英国不列颠博物馆

不列颠博物馆位于英国伦敦市新牛津大街北面的罗素广场，又称大英博物馆，如图14-7所示。它是世界上历史最悠久、规模最宏伟的综合性博物馆，也是世界上规模最大、最著名的世界四大博物馆之一。

不列颠博物馆占地面积达6.7万平方米，外观单纯和谐，雄伟壮观。设计者是罗伯特·斯默克。其严格按照古希腊建筑的比例架构进行建造，整个建筑由四翼构成，围成一个长方形的内庭。

该建筑的正面中央采用古希腊神庙的形式，立面的两端向前突出，整个正立面由44根爱奥尼柱子构成的柱廊形成。虽然正立面有很大的凹凸变化，但柱廊中使用的爱奥尼柱子大小完全相同，比例尺度

图14-7　英国不列颠博物馆

等严格参照雅典卫城上伊瑞克提翁神庙的柱式。立面中间的石柱上方有巨大的山花，装饰有精美的浮雕，气势雄伟。现存建筑中的穹顶为铸铁结构，直径为42米，是在1854年以后建造的，反映了工业革命对建筑结构材料的影响。

（二）德国勃兰登堡大门

勃兰登堡大门位于德国首都柏林的市中心，最初是柏林城墙的一道城门，因通往勃莱登堡而得名，如图14-8所示。现存的勃兰登堡大门是由普鲁士国王威廉二世下令于1788年重新建造的，以纪念普鲁士在七年战争中取得的胜利。

勃兰登堡大门主体以雅典卫城的山门为蓝本，呈三面围合的平面凸字形结构。门高为26米，宽为65.5米，深为11米，其底部由12根高15米的多立克柱式的立柱支撑平

图14-8　德国勃兰登堡大门

顶。前后立柱之间为墙，将门楼分隔成五个大门，正中间的通道略宽，是专门为王室成员通行设计的。大门内侧墙面用浮雕刻画了罗马神话中的英雄人物和保护神，门上方的顶层中央最高处放置有一尊高约5米的胜利女神铜制雕塑。女神张开身后的翅膀，驾着一辆四马两轮战车面向东侧的柏林城内，象征着战争胜利。与门楼相连的南北两翼建筑曾用于守卫和关卡，后改建成敞开的立柱大厅，以便和大门的风格统一。但因为用了山花，构图的独立性过于明显，显得同大门主体不够协调。

二百多年来，庄严肃穆、巍峨壮丽的勃兰登堡大门见证了柏林、德国、欧洲乃至世界上的许多重要历史事件，是德国的国家标志之一，也是德国统一的象征。

（三）俄罗斯克里姆林宫

克里姆林宫位于俄罗斯莫斯科市中心的一处山岗上，南临莫斯科河，西北接亚历山大罗夫斯基花园，东南与红场相连，呈三角形，如图14-9所示。它是一个建于公元11—17世纪的宏伟建筑群，曾是历代沙皇的皇宫，现在是俄罗斯联邦的象征、总统府所在地。

图14-9　俄罗斯克里姆林宫

"克里姆林"在俄语中意为"内城"，在蒙古语中有"堡垒"的含义。克里姆林宫曾经三次重建，它的建筑风格也是多样化的。现存的城墙和建筑，多半为15世纪伊凡三世时期一步步扩建而成的。由于当时东正教的中心由君士坦丁堡迁移到莫斯科，在宗教的影响下，这里的教堂及宫殿建筑出现了拜占庭风格的金色圆顶。此外，参与扩建的建筑师均为意大利名匠，他们在原来的中古俄罗斯传统建筑上又融合了意大利文艺复兴样式，使克里姆林宫成为特有的俄罗斯式建筑。

克里姆林宫由一道全长2 235米，厚6米，部分高度约20米的砖红色围墙包围，内部面积达28万平方米。除宫墙上的4座城门和19座塔

图14-10　瓦西里·布拉仁教堂

楼外，宫墙内还有教堂、皇宫及办公大楼等众多壮观的建筑，规模十分庞大。其中，大克里姆林宫是克里姆林宫中的主要建筑之一，位于克里姆林宫西南部。其外观为仿古典俄罗斯式，厅室全部建筑式样多样，配合协调，装潢华丽。宫殿的正中是饰有各种花纹图案的阁楼，上方有高出主建筑物的紫铜圆顶，高度达13米。

一些大型建筑在18—19世纪修建补充入克里姆林宫建筑群内。始建于16世纪的瓦西里·布拉仁教堂（图14-10）就矗立于红场南端，紧傍克里姆林宫。它是采用东正教艺术的大型建筑之一。平面呈正十字形，中央的塔高为65米，共有九个金色洋葱头状的教堂顶。该教堂虽然规模不大，但以形式奇特、装饰富丽而闻名于世。

二、浪漫主义

浪漫主义建筑是受欧美文学艺术中的浪漫主义思潮影响而形成的一种建筑风格，流行于18世纪下半叶到19世纪下半叶。浪漫主义思潮在艺术上强调个性，提倡自然主义，主张用中世纪的艺术风格与学院派的古典主义艺术相抗衡。这种思潮在建筑上表现为追求超凡脱俗的趣味和异国情调。

浪漫主义建筑可以分为两个发展阶段：18世纪60年代至19世纪30年代为第一阶段，又称先浪漫主义。在这一阶段出现了中世纪城堡式的府邸和东方风韵的建筑小品；19世纪30至70年代为第二阶段，此时浪漫主义成为一种建筑创作潮流，主要特点是追求中世纪的哥特式建筑风格，因此又称为哥特复兴建筑。

英国是浪漫主义的发源地，19世纪30年代至70年代是英国浪漫主义建筑的极盛时期。这一时期最著名的建筑作品是英国议会大厦、伦敦的圣吉尔斯教堂、曼彻斯特市政厅等。

（一）英国国会大厦

英国国会大厦（图14-11）又称威斯敏斯特宫，位于伦敦市中心威斯敏斯特区，泰晤士河西岸。始建于中世纪，于1843年毁于一场大火，现在的国会大厦是1840—1870年重建的，由建筑师查尔斯·巴里爵士和他的助手奥古斯塔·普金共同设计完成。他们大胆创新了新哥特式建筑风格，并将火灾后幸存下来的建筑完美融入其中。

图14-11　英国国会大厦

整个国会大厦占地3万平方米，走廊长度共计3千米，共有1 100个房间、100多处楼梯、11个内院。大厦平面沿着泰晤士河南北方向展开，正中为八角形中厅，由此形成南北和东西两条轴线。在中厅之上矗立有一座91米高的采光塔，构成了整个宫殿的垂直中心。由中厅向南通上议院，向北达下议院。在两院大厅和走廊里陈设着许多以历史和神话故事为题材的大幅壁画和雕塑。整个大厦陈设体现宫廷格调，富丽堂皇，庄严肃穆。

在宫殿南端有巨大而高耸的维多利亚塔，其高为102米，全石结构，用来存放议会的文件档案，塔楼下面的大门只供英王使用。宫殿东北角是著名的钟楼，俗称大本钟，现称伊丽莎白塔，其高为97米，打破了宫殿平直的轮廓线。钟楼四面有圆形的钟盘，内部安装有巨型铜钟装置，其重量超过13吨，根据格林尼治时间每隔一小时敲响一次，为伦敦市民提供精确的报时。

英国国会大厦作为全世界最大的哥特式建筑物，其壮观雄伟的气质，在同类建筑中无与伦比。

（二）曼彻斯特市政厅

曼彻斯特市政厅（图14-12）坐落于英国曼彻斯特市中心的艾伯特广场上，是曼彻斯特官方主要的政治和外交场所，也是当地的地标性建筑之一。

曼彻斯特市政厅建于维多利亚时期，于1887年完工，占地面积并不大，但耗资达100万英镑，是一座保存完好的哥特复兴风格的建筑。

大楼正立面采用不对称设计，有多重人字形的斜坡屋顶，层次丰富，角楼与尖塔林立。屋顶中部耸立一座巨大的钟楼，高达87米，形式上与伦敦的大本

图14-12　曼彻斯特市政厅

钟堪称姊妹篇，是整座建筑的视觉中心。建筑入口处进深较大，门廊宽广，内部随处可见各种雕塑和华丽的装饰。大厅里有拉斐尔前派的著名画家布朗创作的12幅大型壁画，描绘了曼彻斯特独特的历史。地面铺满了极具特色的马赛克地板，地板上还带有象征着曼彻斯特工业的"蜜蜂"标志。大厅四周分布着大小不一、风格各异的宴会厅，显得十分的协调与高雅。

总之，曼彻斯特市政厅所具有的古老而坚固的传统形象，散发出难以抵挡的魅力，是一座充满美感的建筑。

三、折中主义

折中主义是19世纪上半叶在欧美兴起的一种建筑创作思潮，流行于19世纪末20世纪初。它的特点是根据需要模仿和并列各不同历史时期重要建筑风格于一体，不讲究固定的法式，注重纯形式美，又被称为"集仿主义"。

折中主义在一定程度上弥补了古典主义和浪漫主义在建筑上的局限性，但终究未能跳出复古主义的圈子。这种风格的建筑在19世纪中叶以法国最为典型，巴黎高等艺术学院是当时传播折中主义艺术和建筑的中心。而在19世纪末和20世纪初期，则以美国最为突出。总的来说，折中主义建筑师在思想上仍然是保守的，他们在新材料和新技术不断出现的时代，没能创造出与之相适应的新建筑形式。

（一）巴黎歌剧院

巴黎歌剧院位于法国巴黎市中心的奥斯曼大街上，总面积为11万平方米，拥有2 200个座位，是世界上最大的歌剧院，如图14-13所示。其是由建筑师查尔斯·加尼叶于1861年设计的，是折中主义代表作，因此也被称为加尼叶歌剧院。

巴黎歌剧院是建筑师以杂糅历史样式的方式进行建造的，其立面的构图是仿照卢浮宫东立面的样式，采用了古典建筑中惯用的上、中、下三段式，每一段都运用了不同的建筑要素。正立面最上端是左右对称的、呈罗马风格的三角顶，而拱形山花的造型则取自古典神庙建筑中的做法；中层是一排宏伟的柱廊，它采用文艺复兴的帕拉蒂奥手法，呈现出雄壮端庄的气势；底层为意大利式的七间连拱形门洞，节奏明快，并与顶层的拱形山花和中层的柱廊、开窗形成了呼应。

图14-13　巴黎歌剧院

歌剧院内部空间变化丰富，楼梯厅设着三折楼梯，构图非常饱满。楼梯两侧均采用古典的栏杆和洛可可风格的雕塑，将整个楼梯装饰得华丽无比。沿巨型楼梯拾级而上，迎面是装饰奢华的走廊和休息大厅。休息大厅长为54米，宽为13米，高为18米，里面装潢豪华，四壁和廊柱布满巴洛克

图14-14　巴黎歌剧院休息大厅

式的雕塑、挂灯、绘画，可与凡尔赛宫大镜廊相媲美，如图14-14所示。

巴黎歌剧院的观众厅的包厢共有五层，舞台面积约3 000平方米。舞台顶部高度达60米，天顶装饰得像一枚皇冠，中央有巨型的水晶吊灯，吊灯周围的绘画具有超现实主义风格，精美绝伦，让人目眩神迷。顶棚上处处都充满着镀金雕塑，高贵而典雅，与皇冠的形象很相衬，符合剧院的皇家气质。

歌剧院整体构架全部采用轻巧的钢铁框架，但设计者将这些钢铁结构全部用金子包裹了起来，使其不被暴露出来，让人感觉不到新材料、新技术的痕迹，这说明新技术还没有找到表现的形式。

据统计，由于建筑结构异常复杂，导致歌剧院的门数量极多，共有2 531个，钥匙达7 593把。此外，歌剧院有一个长约9 656米的地下暗道。在地下层，还有一个容量极大的暗湖，湖深6米，每隔10年剧院都会把那里的水全部抽出，换上清洁的水。这种独特的现象给整个歌剧院增添了一丝神秘的色彩。

巴黎歌剧院的建筑和装修风格秉承了古典建筑样式的脉络，囊括了古典主义、文艺复兴、巴洛克和洛可可等众多建筑样式，并将它们完美地结合在一起，被誉为是一座绘画、大理石和金饰交相辉映的剧院，给人以极大的享受。

（二）巴黎圣心教堂

巴黎圣心教堂（图14-15）位于法国巴黎郊区的蒙马特高地上，由著名建筑师保罗·阿巴迪设计。巴黎圣心教堂工程于1875年开始建造，1914年竣工。该教堂是为了纪念在巴黎公社保卫战中所牺牲的战士及平民而建的。

巴黎圣心教堂将罗马风建筑和拜占庭建筑的特色进行了巧妙的融合，风格独特。其平面布局上不同于传统教堂的拉丁十字形的格局，而是采用了像拜占庭式教堂的集中式。教堂宽约45米，进深约70米。中央顶部突出一个高为55米，直径为16米的大穹顶。大穹顶周围环绕着四个小穹顶，颇有东方情调。建筑的四个立面大量使用了券柱式结构，具有明显的中世纪罗马风格建筑的特征。

教堂外观为乳白色，因此也被当地人称为"白教堂"。正面有三个拱形大门，大圆顶两侧有两尊骑马塑像，分别是模范君主路易九世和民族英雄圣女

图14-15　巴黎圣心教堂

贞德。教堂内部圣坛上方有一幅巨大的镶嵌画，面积达475平方米。教堂后方有一座高达84米的钟楼，建于1914年，钟楼中安装有全法国最大的钟，敲响后整个巴黎城都可以听到钟声。

第四节　美国独立前后的建筑

自从哥伦布在1492年发现新大陆以后，欧洲各国便开始疯狂地向美洲进行殖民活动。随着殖民主义者的到来，美洲原有的土著部落遭到残酷的杀害和奴役，原有的文化也被摧残殆尽。16世纪之后，美洲大陆出现越来越多的欧洲移民建筑，这些建筑的风格与宗主国密切相关，折射出宗主国所奉行的文化和宗教。

16—17世纪，英国人、西班牙人、荷兰人、瑞典人、法国人相继在北美洲建立殖民地。其中英国人在北美洲东海岸建立的新英格兰殖民地发展迅速，他们规划并新建了许多网格状平面的殖民城市。1756—1763年，欧洲大陆爆发了"七年战争"，各方激烈争夺海外殖民地。最终，英国在战争中获利，将北美殖民地悉数收入囊中。

一、殖民时期风格

北美各地移民成分来源广泛，宗教信仰也不尽相同，因此建筑风格格外杂乱。在新英格兰地区，来自英国的移民带来了老家民间的木构架房屋和简单的砖石建筑。由于当地盛产木材，并且冬季气候寒冷，为了防风保暖，他们在整个房屋外面钉上一层长条木板，取代了欧洲的木构架房屋，从而形成了一种新风格，即木板条风格。

18世纪，新英格兰地区的经济得到进一步发展，移民数量大幅增加，并出现贫富分化。一些富裕的移民开始建造阔绰的府邸，采用了当时英国流行的古典主义和帕拉蒂奥母题形式。由于材料和气候条件的不同，人们使用的木结构与古典形式之间存在很多方面的矛盾，于是，建筑样式渐渐发生了适合于木材本身特征的变化。如立柱变得更细，开间变宽，檐口变薄和线脚简化等。这种府邸的形式在一段时间里特别稳定，在18世纪中叶极为流行，被称为殖民地风格。

二、美国国会大厦

18世纪中叶以后，北美殖民地经济发展迅速，资产阶级力量也随之壮大，于是他们掀起了反对英国统治的战争，即美国独立战争。美国独立战争实质上是一场资产阶级革命，它受到了法国启蒙主义思想的影响，反映在建筑上也是如此，于是在殖民地上兴起了罗马复兴风格。

1783年9月3日，英王代表与殖民地代表在法国凡尔赛宫签订《巴黎和约》，正式宣告美国独立。独立后，联邦政府在华盛顿、费城和维琴尼亚等城市建造了一些公共建筑和行政建筑，它们大多是罗马复兴风格的建筑。其中，最有代表性的建筑就是美国国会大厦。

美国国会大厦位于美国首都华盛顿国家广场以西25米高的国会山之上，其是美国国会所在地，也是美国民有、民治、民享政权的最高象征。始建于1793年，设计者为威廉·桑顿，早期工程的负责人是本杰明·亨利·拉特孟彼和查尔斯·布尔芬奇等人，大厦于1811年完工。

1814年，在第二次英美战争中，美国国会大厦遭到入侵的英军纵火焚烧，部分建筑被毁。战后，随着美国联邦成员州的数量与议员人数的逐渐增加，对国会大厦进行了多次改建和扩建，增建了参众两院会议室、圆形大厅和位于中央主楼上方的巨型穹顶，如图14-16所示。

现在的美国国会大厦是一幢全长233米的三层平顶建筑，以白色大理石为主料，通体洁白。中央耸立着三层的大穹

图14-16　美国国会大厦

顶，最外层为铸铁结构，直径为33米，形式上仿照了巴黎的万神庙。穹顶下方的鼓座四周巨柱环立，气势宏伟。穹顶之下便是气势恢宏的中央圆形大厅，大厅四壁挂有8幅巨大的油画，记载了美国独立战争等8个重大历史事件。穹顶最上方的采光亭上还立有一尊6米高的自由女神青铜雕像，头顶羽冠，眺望东方。

美国国会大厦的正立面仿照了巴黎卢浮宫东立面的做法，为三段式构图，基座上方承托着中部的柱廊，整座建筑显得稳重而坚实。两翼中间部分也都采用了柱廊形式，既庄严宏伟，又亲切开敞，具有强烈的节奏感。分属南北的两座翼楼分别为众议院和参议院办公地，众议院和参议院是美国最高立法机构，负责共同起草制定美国法律。

整座建筑协调统一，气势雄浑有力，既庄重明快，又充满象征意味，被誉为美国独立的纪念碑。

三、林肯纪念堂

美国独立后，南方和北方沿着两条不同的道路发展。19世纪上半叶，北方的资本主义经济发展迅速，工商业异常繁荣；而南方仍在实行奴隶制的种植园经济，严重阻碍了资本主义工商业的发展。1861—1865年，美国爆发南北战争，北方的资产阶级举起了"自由"和"人权"的大旗，与南方的奴隶主展开了艰苦卓绝的斗争。这一时期，人们倾向于复兴古希腊的文化，因而建造了大量希腊复兴风格的建筑。其中具有代表性的建筑有林肯纪念堂，如图14-17所示。

图14-17 美国林肯纪念堂

林肯纪念堂位于美国华盛顿特区国家广场西侧，阿灵顿纪念大桥引道前，为纪念美国第16届总统亚伯拉罕·林肯而建。纪念堂于1914年破土动工，于1922年完成，是一座采用通体洁白的花岗岩和大理石建造的古希腊神殿式建筑，由美国建筑师亨利·培根设计。

亚伯拉罕·林肯是美国第16任总统。他领导了美国南北战争，颁布了《解放黑人奴隶宣言》，维护了美联邦统一，为美国在19世纪跃居世界头号工业强国开辟了道路，被称为"伟大的解放者"。1865年4月14日，林肯在剧院看戏时遭人暗杀，成为美国历史上第一位遭遇刺杀的总统。林肯纪念堂是在其去世近半个世纪后才建成的。

整座建筑呈长方形，长约58米，宽约36米，高约25米，建造于国会大厦及华盛顿纪念碑所在的轴线上。纪念堂吸取了古希腊神庙的传统手法，外廊四周有36根大理石的多立克式柱子围绕，象征林肯时期美国的36个州。虽然纪念堂平面布局酷似帕特农神庙，但也有所革新，如采用了罗马式的平顶代替希腊式的两坡屋顶及山花。顶部护墙上有48朵花饰，代表着纪念堂落成时美国的48个州，而每个廊柱的横楣上分别刻有这些州的州名。

纪念堂内部采用列柱将平面划分为一个主厅和两个侧厅，侧厅内墙壁上绘制了表现林肯一生中最显著成就和重要事件的壁画。主厅中央是正对着入口的林肯坐像（图14-18），像高为5.8米，由雕塑家丹尼尔·彻斯特·法兰屈设计雕刻。雕像目光深邃，神色严峻，表情刚毅坚定，雕像后上方是一句题词——"林肯将永垂不朽，永存人民心里"。雕像的布置以及在纵横方向上展品的安排形成了一种庄严肃穆的气氛，整体设计上非常巧妙。

林肯纪念堂没有大门，寓意着永远向世人敞开。在高高的石阶下，还配套建成了约610米长的倒影池。洁白的纪念堂与池中的倒影交相辉映，增强了神圣庄严之感，造就了一处非同凡响的国家级景观。

图14-18　林肯纪念堂林肯坐像

四、白宫

白宫位于华盛顿市区中心宾夕法尼亚大道1600号，它是美国总统的官邸和办公室，如图14-19所示。白宫始建于1792年，最初为一栋灰色的沙石建筑。设计者为著名建筑师詹姆斯·霍本。他根据18世纪末英国乡间别墅的风格，并参照当时流行的帕拉第奥式建筑的造型设计而成。

在1812年的第二次美英战争中，英国军队入侵华盛顿，致使白宫内部被焚毁，只有外墙残存。1815年，官邸在原设计者和总监工詹姆斯·霍本的主持下重修。为了消除大火烧过后的烟痕，詹姆斯·门罗总统下令在灰色沙石上漆上了一层白色的油漆，因此得名为"白宫"。

白宫是由一组建筑构成的建筑群，包括中央主楼和东西两个侧翼建筑。主楼宽为52米，进深为26米，共三层。底层有外交接待大厅、图书室、地图室、瓷器室、金银器室和白宫管理人员办公室等；从正门进入的国家楼层共有五个主要房间，由西至东依序是：国宴室、红室、蓝室、绿室和东室。东室是白宫最大的一个房间，可容纳三百位宾客，主要用作大型招待会、舞会和各种纪念性仪式的庆典。主楼二层，为总统全家居住的地方。主要有林肯卧室、皇后卧室、条约厅和总统夫人起居室、黄色椭圆形厅等。

主楼北面以中线为轴，6根爱奥尼圆柱呈弧形对称立在中间，两边对称布置多个矩形窗户，表现出庄重的气氛。南面是一个由粗大的乳白色爱奥尼石柱支撑的宽大门廊，正面4根，旁边各2根。门廊的正前方就是有名的南草坪，总统的直升机可在此起落。因为白宫是坐南朝北，所以南草坪也是白宫的后院，通称为总统花园。

白宫的东、西两翼建筑分别于1902年和1941年建成。东翼是供游客参观的区域，西翼是核心办公区域。其中最主要的厅室是西翼内侧的椭圆形总统办公室（图14-20）。办公室宽敞、明亮，地上铺着一块巨大的蓝色地毯，地毯正中织有美国总统的金徽图案。房间北侧有一个壁炉，壁炉上方悬挂着身着戎装的华盛顿油画像。总统办公桌后方有三扇朝南的窗户，两侧分别竖立着美国国旗和总统旗帜。历任总统都会根据自己的个人审美及喜好重新布置办公室。

　　朴素、典雅构成了白宫建筑风格的基调。由于美国历届总统均以白宫为官邸，使得白宫变成了美国政府的代名词。

图14-19　美国白宫

图14-20　美国白宫总统办公室

 **思 考 题**

1. 评价一下折中主义建筑风格。
2. 什么是古典复兴？这一时期为什么会发生这种复兴运动？

扫码查看更多图片

 **课后拓展**

　　试分析英国国会大厦和美国国会大厦在建筑风格上的异同。

第十五章 欧美近现代建筑

第一节 欧美新建筑运动

19世纪下半叶，德、法、英、美等国都进入到资本主义经济高速发展阶段，工农业产量不断增长。工业革命给这些资本主义国家带来巨大财富的同时，也带来了一系列新问题。如在工业城市中，生产集中导致人口恶性膨胀，房屋建设缺少规划，城市空间拥挤混乱，交通严重堵塞，卫生环境恶化等。在这种新的社会发展形势下，建筑和城市规划开始进入到新的历史阶段。

19世纪末至20世纪初，欧美国家的工业化进程加速。随着钢铁、玻璃、混凝土等新材料的大量生产和应用，建筑的新功能、新技术与占统治地位的学院派折中主义的设计方法及复古形式之间的矛盾日益突出，从而促使一些对新事物敏感的建筑师掀起了一场积极探求新建筑的运动。

一、工艺美术运动

19世纪初期，欧洲各国先后完成了工业革命，由于蒸汽机得到了广泛的推广和应用，机器生产逐渐取代了手工劳动。大批工业产品被投放到市场上，在很长一段时间里，包括英国在内的资本主义国家所生产的机械制品丑陋不堪，设计水平低劣。主要的原因是：当时的美术家不屑于过问工业产品，工厂也只关注于生产和销售，艺术与技术变得分离；同时，大量的产品生硬地套用手工艺的装饰手法，使过分装饰、矫饰做作的维多利亚风格在设计中蔓延开来，最终导致传统的装饰艺术在工业产品上失去了造型基础，成为一个为装饰而装饰、画蛇添足的东西。

1851年，为了炫耀工业革命带来的伟大成果，英国在伦敦市的海德公园举行了世界上第一次国际工业博览会。园艺家约瑟夫·帕克斯顿运用钢铁和玻璃建造了博览会的展览大厅，其建筑覆盖面积为罗马圣彼得大教堂的四倍，总共花了不到九个月时间便全部装配完毕，建成后轰动一时，被称为"水晶宫"，如图15-1所示。博览会中展出了众多滥用装饰的机械产品，在美学上引起了一些尖锐的批

图15-1　水晶宫

评，由此而暴露出来的工业设计中的各种问题，直接导致了19世纪下半叶的工艺美术运动的发生。

这场工艺美术运动起源于英国，是一场大规模的风格运动，影响遍及欧洲和北美。其实质是针对装饰艺术、家具、室内产品和建筑等领域开展的一场设计改良运动。运动的理论指导是约翰·拉斯金，主要成员有威廉·莫里斯、查尔斯·沃塞等。他们以追求自然纹样和哥特式风格为特征，反对工业化和机器生产，意图通过复兴手工艺品的设计传统来提高当时的产品质量，并主张设计的实用性，崇尚自然主义，反对设计上的华而不实和过度装饰。

建筑与室内设计是受工艺美术运动影响最早的领域。1857年，莫里斯邀请设计师菲利蒲·韦伯设计以红砖瓦构成的"红屋"（图15-2）。这幢房子充分体现了工艺美术运动在建筑设计方面的思想，创立了建筑设计的四条基本原则，是19世纪下半叶最有影响力的建筑之一。

红屋的平面成L形，每个房间都能自然采光，与周边的环境结合在一起。在设计上采用非对称形式，注

图15-2　红屋

重功能，没有表面装饰。采用的红色砖瓦既是建筑材料又是装饰，在细节的处理上大量采用哥特式建筑手法。室内大面积的窗户采光有利于空气的流通及欣赏户外的景观。客厅白色的墙体和浅色的布料给人简洁明快的感觉，房间和房间的连接都有合理的装饰。通过添加茶几、桌椅，设计拱形门，使每个房间都联系起来。红屋是英国哥特式建筑和传统乡村建筑的完美结合，摆脱了维多利亚时期烦琐的建筑特点，以功能需求为首要考虑。它呈现出的自然、简朴、实用及田园风情的特征，使其成为工艺美术运动风格的重要见证。

二、新艺术运动

受英国工艺美术运动的影响和启发，19世纪末至20世纪初，欧洲大陆出现了名为"新艺术"的装饰艺术潮流。19世纪80年代，新艺术运动最初在比利时首都布鲁塞尔展开，随后向法国、奥地利、德国、荷兰以及意大利等地区扩展。这场运动实质是英国工艺美术运动在欧洲大陆的延续与传播。

新艺术运动是一场形式主义运动，它的思想主要表现在采用新的装饰纹样取代旧的程式化的图案，继承了工艺美术运动中崇尚自然的观念，主张从动植物形象中提取造型素材。在家具、灯具、广告画、壁纸和室内装饰中，大量采用自由连续弯绕的曲线和曲面，形成独特的富有动感的造型风格。新艺术运动的风格是多种多样的，在不同国家里也呈现出不同的风格特点，甚至对运动的叫法也不尽相同。在德国、英国、奥地利分别被称作"青年风格派""格拉斯哥学派"和"维也纳分离派"。

新艺术运动的进步性在于它并不像工艺美术运动那样排斥新材料和机器生产的方式。在建筑方面，它在大胆地运用新材料和新结构的同时，把形式上的艺术性也放在了重要位置。如建筑内外的金属构件有许多曲线，使得刚硬的金属材料被柔化，结构上显示出特有的韵律感。新艺术运动风格的建筑是人们在建筑领域里将工业技术与艺术进行融合的一种尝试。

（一）埃菲尔铁塔

埃菲尔铁塔（图15-3）位于法国巴黎塞纳河南岸的战神广场上。它是世界建筑史上的技术杰作，是巴黎城市的地标之一，也是巴黎最高的建筑物。

1885年，为了迎接在巴黎举行的世界博览会和纪念法国大革命100周年，法国政府决定修建一座永久性纪念建筑。经过反复评选，古斯塔夫·埃菲尔设计的铁塔方案被选中。1887年1月，铁塔工程正式破土动工，并于1889年3月完成，建成后的铁塔以埃菲尔的名字命名。

图15-3 埃菲尔铁塔

铁塔总高度达324米，塔基占地面积约1万平方米。底部由四个巨型倾斜柱墩支撑，倾角为54°，重约4 000吨。塔身全是钢架镂空结构，共用去钢铁7 000余吨，金属构件12 000多个，铆钉259万只。铁塔共分三层，从塔座到塔顶共有1 700多级阶梯。为方便游客参观，塔内还建造了四部水力升降机（现为电梯）。塔的每一层都设有观景平台，其中第一层高57米，上面设有商店和餐厅；第二层离地面115米，设有咖啡馆；第三层离地面276米，建筑结构猛然收缩，直上云霄。从一侧望去，像倒写的字母"Y"。

埃菲尔铁塔设计新颖独特，结构直观简洁，是法国工业革命的纪念碑。它成功发挥出了新材料的优势，也充分展现了新建筑所具有的特征，为20世纪的建筑指明了方向。

（二）塔塞尔公馆

塔塞尔公馆（图15-4）坐落在比利时布鲁塞尔城中，是由建筑师维克多·霍塔于1893—1894年为比利时科学家埃米尔·塔塞尔兴建的城市住宅。该建筑从整体规划到材料应用、装潢手法等都具有显著的创新，因而被视为第一个真正的新艺术运动建筑。

塔塞尔公馆是由三个不同部分组成的住宅。两个传统的砖石建筑物中间用一个玻璃覆盖的钢结构空间相连接。这个设计将楼层的楼梯及梯间平台设置在了房屋的正中，通过玻璃天花板，将自然光带到了建筑中央，使室内变得明亮通透。

塔塞尔公馆内部非常重视装饰，受自然植物启发的"鞭绳"到处可见，不仅门窗、立

图15-4 塔塞尔公馆

柱、顶棚、楼梯栏杆扶手都是曲线造型，连墙壁、地面和顶棚上面也绘满了藤蔓一样的线条。这样的线条减少了建筑物硬朗的感觉，使内部空间充满动感，富有生命力。维克多·霍塔的建筑作品摒弃了传统建筑不注重实用和个性的特点，显露出了现代建筑风格的端倪。

（三）米拉公寓

米拉公寓位于坐落在西班牙的巴塞罗那市区帕塞奥·德格拉西亚大街上，建于1906年至1912年间，是西班牙著名建筑师高迪设计的最后一个私人住宅，如图15-5所示。

米拉公寓位于街道转角，占地1 323平方米，共有33个阳台（图15-6），多达150扇窗户。为了增加采光效果，建筑物中部还设置有两个天井。地面以上共六层，整座建筑拥有一个波浪形的外观，墙面凹凸不平，屋檐和屋脊也有高有低。造型仿佛是一座被海水长期侵蚀又经风化布满孔洞的岩体，墙体本身也像波涛汹涌的海面，富有动感。

图15-5 米拉公寓

图15-6 米拉公寓的阳台

公寓的阳台栏杆由扭曲回绕的铁条和铁板构成，犹如挂在岩体上的一簇簇杂乱的海草。屋顶是奇形怪状的突出物做成的烟囱和通风管道，造型上有的像披上全副盔甲的军士，有的像神话中的怪兽，如图15-7所示。房子的力学结构也很特别，其重量完全由柱子来承受，因此，每一层楼的隔间布局都不一样。最引人注目的是该建筑中几乎看不到直角，从外部到室内都避免使用直线和平面，只见各种不同的曲线在连续不断地变化着，在空间中营造出无穷的流动感。

图15-7　米拉公寓的屋顶

　　米拉公寓建成后，在当时引起了相当大的轰动，人们认为此建筑若非出自恶魔之手就是疯子所为。不可否认，它是一栋具有生物形态主义风格的建筑，给人们留下了丰富的想象空间，是集新艺术运动风格的有机形态、曲线特征和自然主义设计为一身的代表作。

三、维也纳学派与分离派

　　19世纪90年代末，在新艺术运动的影响下，奥地利形成了以维也纳艺术学院教授瓦格纳为首的建筑家集团——维也纳学派。他们反对重演历史式样，指出建筑形式应是对材料、结构与功能的合乎逻辑的表述，而且新结构和新材料必然会导致新形式的出现。1895年，瓦格纳发表了他的著作《现代建筑》，书中详细阐述了新时代建筑应具备的形式。

　　瓦格纳的见解和作品对他的学生影响很大。1897年，维也纳学派中的一部分人员成立了一个新团体，他们宣称要与传统的美学观念决裂，与正统的学院派艺术分道扬镳，故自称"分离派"。该派主张造型简洁、集中装饰，并在这种思想指导下建造了维也纳分离派会馆。

（一）维也纳邮政储蓄银行

　　维也纳邮政储蓄银行建于1904—1906年间，是瓦格纳的代表作之一，如图15-8和图15-9所示。该建筑高六层，立面对称，墙面划分十分严整，仍然带有文艺复兴建筑的敦实风貌。但细部处理新颖，建筑表层的大理石贴面细巧光滑，使用铝制螺栓进行固定，而螺帽则直接暴露在墙面上，并由此产生奇特的装饰效果。内部大厅白净、明亮。顶部由细窄的金属框格与大块玻璃组成玻璃天花，中厅高起呈拱形，两排钢柱上粗下细，柱上铆钉也是直接袒露出来，起到了装饰的作用。

　　维也纳邮政储蓄银行的建成具有开创性的意义。其丰富的细节投射出强烈的工业化气息。它表现出的简约、实用的形式前所未见，被认为是现代建筑史上的一座里程碑。瓦格纳也被誉为"奥地利现代主义建筑之父"。

图15-8　维也纳邮政储蓄银行

图15-9　维也纳邮政储蓄银行大厅

（二）维也纳分离派会馆

　　维也纳分离派会馆（图15-10）位于维也纳市中心的卡尔广场，建于1898年，由维也纳分离派建筑师奥别列兹设计。它是维也纳分离派最具代表性的建筑，它的建成也使得维也纳分离派声誉大增。

　　建筑平面呈非常简单的几何形状，占地面积约1 000平方米。整个建筑外部表面都十分平坦和完整，厚重连续的墙壁使其看起来像是由一系列坚实的立方体构建而成的。中间入口处为方形，入口两侧是坚实的墙体，顶上有一个巨大的金色镂空圆球。圆球装饰用锻铁做成

图15-10　维也纳分离派会馆

的玉桂树叶编织而成，放置在四个埃及式方塔之间，显得非常富丽。该建筑立面上装饰很少，中部区域有猫头鹰与女妖美杜莎的头像，周围是一些浅浮雕花饰。会馆内部是一个长方形大厅，有高大的中殿和两个较低的侧廊，尽头是一个耳堂。整个建筑几乎完全被帐篷般的玻璃屋顶覆盖，内部光线明亮自然。

　　设计者使用精确的几何结构作为整体框架，用曲线和交叉元素带来生气。整座建筑被组织成一个"具有代表性的"入口区和一个"功能"展览区。该建筑在设计上所体现的重视功能的思想，以及几何形式与有机形式相结合的造型和装饰设计，都表现出与欧美各国的新艺术运动相一致的时代特征。同时，又因其强调对几何形状的运用，摒弃了新艺术运动对花形图案的过度使用，使得维也纳分离派会馆更具有接近于现代主义的特色。

四、芝加哥学派

　　19世纪中叶以后，美国工业迅速发展，人口激增，地皮紧张，建筑不得不向高空发展。1871年的芝加哥大火，使得城市重建问题突出。此时，一大批建筑师云集芝加哥，积

极探索新形势下高层商业建筑的设计建造，逐渐自成一派，被称作"芝加哥学派"。

芝加哥学派的建筑师们使用的铁的全框架结构，使楼房层数超过10层甚至更高。由于争速度、重时效、尽量扩大利润是当时的宗旨，传统的学院派建筑观念被暂时搁置和淡化。这使得楼房的立面大为净化和简化。为了增加室内的光线和通风，出现了宽度大于高度的横向窗子，被称为"芝加哥窗"。高层、铁框架、横向大窗、简单的立面成为芝加哥学派的建筑特点。

芝加哥学派中最著名的建筑师是路易·沙利文。他在高层建筑造型上的三段法，即将建筑物分成基座、标准层和出檐阁楼的手法，流传很广。他十分重视建筑的功能性，提出"形式服务功能"的口号。他认为装饰是建筑所必需而不可分割的内容，但他不取材于历史形式，而是以几何形式和自

图15-11　芝加哥C.P.S百货公司大楼

然形式为主。其代表作品为1899年—1904年建造的芝加哥C.P.S百货公司大楼，如图15-11所示。该大楼高12层，采用了三段式处理手法，摒弃了厚重的石材外衣，使用长方形的芝加哥窗强调功能主义，形成了一种完全独立于过去风格的新式样。

"芝加哥学派"的建筑师和工程师们积极采用新材料、新结构和新技术，认真解决新高层商业建筑的功能需要，创造了具有新的风格和样式的建筑。但是，由于当时大多数美国人认为它们缺少历史传统，没有深度，没有份量，难登大雅之堂，只是在特殊地点和时间为解燃眉之急的权宜之计，使这个学派只存于芝加哥一地，十余年间便烟消云散了。

第二节　现代主义建筑思潮

现代主义建筑是指20世纪中叶，在西方建筑界居主导地位的一种建筑思想。它最早可以追溯到19世纪末期，成熟于20世纪20年代。现代主义建筑师明确反对折中主义，与新艺术运动时期的一些建筑流派也有较大不同，它具有鲜明的理性主义和激进主义色彩，力求通过当代建筑表现工业化的精神。

第一次世界大战结束之后，战争的重创使欧洲国家面临战后的重建和严重的房荒，社会革命此起彼伏，运用工业化手段为广大平民建造实用、经济的住房，成为政治家和建筑师面临的重大挑战。因为现代主义建筑思想较好地满足了多、快、好、省地进行战后重建的需要，所以受到人们的关注。1919年在德国诞生的包豪斯学院标志着现代主义建筑理念的正式形成，德国也成为现代主义建筑、现代主义设计和现代主义设计教育的摇篮。1932年，包豪斯学院被解散，很多师生去往欧洲其他国家和美国，现代主义建筑的思想也随之传播到了世界各地，在20世纪五六十年代达到了高潮。

现代主义建筑并不是一种单一的建筑风格，也存在不少流派，总的来说，它们共同的特征如下。

（1）强调功能。提倡"形式追随功能"，建筑物的具体形式应取决于使用功能的需要。

（2）注重现有新技术的应用。大胆采用钢筋混凝土、玻璃、钢材等新材料代替传统木材、石头和砖瓦，在建筑设计中注意发挥新材料、新结构和新设备、工业化施工的特点。

（3）主张创造新的建筑艺术风格，体现新的审美观。建筑艺术趋向净化，反对额外的装饰，建筑造型采用简单的几何形体。

（4）认为建筑空间是建筑的主角，注意空间的组合，强调建筑与周围环境的结合，并考虑时间因素，形成"空间—时间"的建筑构图理论。

（5）把建筑的经济性提升到重要高度。

现代主义建筑的出现深刻影响了20世纪的人类物质文明和生活方式，在这场前所未有的思潮中，涌现出了许多杰出的建筑人才。其中，格罗皮乌斯、勒·柯布西耶、密斯·凡·德罗、赖特被后人称为世界四大现代主义建筑师。

一、格罗皮乌斯

格罗皮乌斯于1883年生于德国柏林，从小接受精英教育，中学毕业后，曾前往柏林和慕尼黑两地学习建筑。1907—1910年进入柏林的贝伦斯（德意志制造联盟的创始人之一）建筑事务所工作。他是世界上最著名的建筑师之一，被公认为现代主义建筑的奠基者和领导人之一。他同时还是一位建筑教育家，是公立包豪斯学校的创办人。

格罗皮乌斯积极提倡建筑设计与工艺的统一，艺术与技术的结合，讲究功能、技术和经济效益。他在建筑设计中强调充分的采光和通风，主张按空间的用途、性质、相互关系来合理组织和布局，按照人的生理要求、人体尺度来确定空间的最小极限等。1937年他到美国定居，任哈佛大学建筑系教授、主任，参与创办该校的设计研究院。格罗皮乌斯在美国广泛传播包豪斯的教育观点、教学方法和现代主义建筑学派理论，促进了美国现代建筑的发展。1945年他同朋友合作创办协和建筑师事务所，发展成为美国最大的以建筑师为主的设计事务所。第二次世界大战后，他的建筑理论和实践为各国建筑界所推崇。《新建筑学与包豪斯》一书是其代表性著作。在20世纪五六十年代，他屡屡获得英国、德国、美国、巴西、澳大利亚等国建筑师组织、学术团体和大学授予的荣誉奖、荣誉会员称号和荣誉学位。

格罗皮乌斯在建筑方面的代表作品有：法古斯鞋楦厂、科隆展览会办公楼、包豪斯学院校舍、哈佛大学研究生中心、纽约泛美航空公司大厦、自用住宅等。

（一）法古斯鞋楦厂

法古斯鞋楦厂位于德国下萨克森州阿尔费尔德小镇，是格罗皮乌斯的成名作之一，如图15-12所示。其是一个由十座建筑物组成的建筑群，厂房建筑按照制鞋工业的功能需求设计了各级生产区、仓储区以及鞋楦发送区。时至今日，这些功能区依然可以正常运转。在厂区布局上，摒弃了周边围合式的传统布局，采用了平行的行列式布局形式，并根据建筑的密度和高度进行位置和间距的设置，充分保证了建筑物的光照和通风条件，体现了现代主义建筑的注重功能的原则。

图15-12　法古斯鞋楦厂

格罗皮乌斯在单层厂房前部安排了一座三层的办公小楼作为工厂的主体建筑物。办公楼使用了框架结构，整个立面都以玻璃为主，外墙柱子之间由大面积玻璃窗和下面的金属板裙墙组成幕墙，室内光线充足，缩小了同室外的差别。房屋的四角没有角柱，充分发挥了钢筋混凝土楼板的悬挑性能，可使玻璃幕连续无阻拦地转过去。这样的设计构思在建筑史上还是第一次，被誉为"新建筑的曙光"。法古斯鞋楦厂建筑群的这些特点对后来包豪斯设计学院的作品风格产生了深远的影响。

（二）包豪斯设计学院新校舍

1919年，格罗皮乌斯在担任魏玛实用美术学校校长时，同魏玛美术学院合并成立了"公立包豪斯学校"。1925年，学校迫于政治压力迁至德绍，改名为"包豪斯设计学院"。时任校长的格罗皮乌斯亲自为学院设计了新校舍，并于1926年建成。

校舍总建筑面积近一万平方米，主要由教学楼、生活用房和学生宿舍三部分组成。格罗皮乌斯一反传统学院派由外而内的建筑设计手法，从建筑物的实用功能出发，将整个校舍按功能的不同分成几个部分，再按各部分的实用要求及其相互关系定出各自的位置和体型。如教学区域和作坊区所占面积最大，并面向主要街道，而办公区、教室和餐厅等则面积较小，位置居中。这种把功能分析作为建筑设计的基础和出发点，体现了由内而外的设计思想和设计方法。

校舍的平面由两个倒插的L形部分组合而成，是一个不对称的建筑体。它的各个部分大小、高低、形式和方向各不相同，是一个多方向、多体量、多轴线、多入口的建筑物。教学区域采用了框架式结构，以白色的粉墙饰面并嵌入水平的带形窗。剩下的区域均采用了砖石与钢筋混凝土的混合结构。其建筑形式和细部处理紧密结合所用的材料、结构及构造方法，几乎把所有附加的装饰都去除了，风格朴素但富有变化。图15-13所示为包豪斯新校舍示意图。

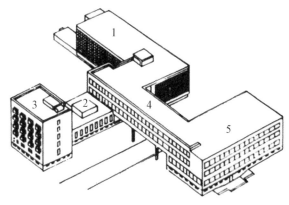

图15-13　包豪斯新校舍示意图

包豪斯新校舍的设计处处体现着"设计为大众"的中心思想，如为了能够不影响车辆和行人的通行，同时保证建筑之间不被隔断，在办公部分的楼下采用了底层架空的形式；屋顶均采用平顶，让人们可以在楼顶自由活动，形成一个楼顶平台；在建筑中安排众多入口，方便了人员的进出并保证了动线的通畅。此外，为了体现采光的优越性和突出与其他区域不同的外形特征，作坊区的外墙被设计成贯通三层的整片玻璃幕墙，创造出一种前所未有的立面形象。在建筑结构上充分运用窗与墙、混凝土与玻璃、竖向与横向、光与影的对比手法，使空间形象显得清新活泼、生

图15-14　包豪斯新校舍

动多样。尤其通过简洁的平屋顶、大片玻璃窗、连续的玻璃幕墙和长而连续的白色墙面，产生了不同的视觉效果，给人以独特的印象。

包豪斯新校舍（图15-14）在建造时经费比较困难，按当时的货币计算，每立方英尺（1立方英尺相当于0.028 316 8立方米）建筑体积的造价只合0.2美元。在这样的经济条件下，这座建筑比较周到地解决了实用功能的问题，同时又创造了清新活泼的建筑形象，真正做到了多、快、好、省。其设计符合现代社会大量建造实用性房屋的需要。它以崭新的形式，与复古主义设计思想划清了界限，被认为是现代建筑中具有里程碑意义的典范作品。

二、勒·柯布西耶

勒·柯布西耶出生于瑞士一个钟表制造者家庭。他早年学习雕刻艺术，于1902年在都灵国际装饰展上以一只雕刻手表获奖。1907年，勒·柯布西耶开始了长达十年的建筑考察，1908—1910年，他先到巴黎考察，并在法国建筑师奥古斯特·潘瑞特事务所中工作，而后又去德国学习工业设计，在最著名的贝伦斯建筑事务所学习了半年。1916年，他离开家乡去巴黎开创自己的设计和艺术事业。虽然勒·柯布西耶没有接受过任何正规的建筑教育，但由于他不断外出旅行考察学习，从而接触到了各地的古代建筑文化，拜访了很多著名的建筑师，并受到了很多专家的影响。

勒·柯布西耶丰富多变的作品和充满激情的建筑哲学深刻地影响了20世纪的城市面貌和当代人的生活方式。他是现代主义建筑的主要倡导者，机器美学的重要奠基人。1923年，他的名著《走向新建筑》出版，书中提出了住宅是"居住的机器"。1926年，勒·柯布西耶就自己的住宅设计提出了著名的"新建筑五点"，影响很大。"新建筑五点"的内容是：

（1）底层架空：主要层离开地面，采用独立支柱使一楼架空。

（2）屋顶花园：将花园移往视野最广、湿度最少的屋顶。

（3）自由平面：各层墙壁无须支撑上层楼板，位置视空间的需求来决定。

（4）横向的长窗：横向的长窗于两柱之间展开，通过大面开窗得到良好的视野。

（5）自由立面：从立面上看各个楼层像是独立于主结构的个体，楼层间不互相影响。

勒·柯布西耶的作品遍布全球，在法国、瑞士、比利时、阿根廷、印度都有分布。他的建筑风格可以分为两个阶段，早期的主要代表作品是萨伏伊别墅、巴黎瑞士学生公寓。第二次世界大战以后，他的建筑风格有了明显变化，其特征表现在对自由的有机形式的探索和对材料的表现，尤其喜欢表现脱模后不加装修的清水钢筋混凝土，这种风格之后被命名为粗野主义。后期的主要代表作品有马赛公寓、昌迪加尔法院、朗香教堂等。

（一）萨伏伊别墅

萨伏伊别墅（图15-15）位于巴黎近郊普瓦西的一片开阔地带，由勒·柯布西耶于1928年设计，1930年建成，是现代主义建筑的经典作品之一。

别墅占地面积为12英亩（约48 562平方米），平面为矩形，长约22.5米，宽为20米，共三层。整个设计与以往的欧洲住宅大异其趣。底层三面透空，由支柱架起，内有门厅、车库和仆人用房，是由弧形玻璃窗所包围的开敞结构；二层有起居室、卧室、厨房、餐室、屋顶花园和一个半开敞的休息空间；三层为主卧室和屋顶花园。各层之间以螺旋形的楼梯和折形的坡道相联，建筑室内外都没有装饰线脚，用了一些曲线形墙体以增加变化。

别墅的外形轮廓比较简单，像一个白色的方盒子被细柱支起。其主体采用了钢筋混凝土框架结构，平面和立面布局自由，空间相互穿插，内外彼此贯通。外墙光洁，无任何装饰，但光影变化丰富。内部空间比较复杂，如同一个内部精巧镂空的几何体，又好像一架复杂的居住的机器，萨伏伊别墅是勒·柯布西耶提出的"新建筑五点"的具体体现，对建立和宣传现代主义建筑风格影响很大。

图15-15　萨伏伊别墅

（二）朗香教堂

朗香教堂（图15-16）位于法国东部弗朗什孔泰大区上索恩省朗香镇的一个小山顶上，1950—1953年由建筑大师勒·柯布西耶设计建造，1955年落成。朗香教堂的设计对现代建筑的发展产生了重要影响，被誉为20世纪最为震撼、最具有表现力的建筑。

教堂规模不大，仅能容纳200余人，教堂前有一个可容上万人的场地，供宗教节日时来此朝拜的教徒使用。教堂造型奇异，拥有船头似的外墙和倒转的蟹壳形状

图15-16　朗香教堂

的屋顶。平面极为不规则，墙体几乎全是弯曲的，窗洞大大小小形状各异，几个立面形象差异很大，让人难以想象，呈现了多种隐喻含义。

在朗香教堂中，有三个独特的偏祭台，外形为塔楼式，像一座座粮仓，塔顶呈半穹状。其中最大的一个位于西南角，高为22米，面朝中殿；另外两个大小相当，高为15米，背靠背地依北墙朝东西两个方向矗立。偏祭台上都有高侧的长窗、格栅及粗糙的井壁，可以将自然光分解柔化成漫射光倾泻下来。教堂的主入口放在了南侧，位于卷曲墙面与塔楼的交接的夹缝处，安装了一扇中央设轴的3米见方的巨大铸铁转门，门厚33厘米，重2.3吨。门的两面各覆有8块鲜亮的彩釉钢板。钢板内外侧都绘有内容，组合起来便是色彩斑斓的抽象图案。

教堂沉重的屋顶向上翻卷着，它与墙体之间留有一条40厘米高的带形空隙，于是便产生了有意义的光线的进入。同时由于教堂的整体空间不大，可以让教堂内的人整体地感受到来自头顶的天光。南面的墙被称为"光墙"，墙体很厚，粗糙的白色墙面上开着大大小小的方形或矩形的窗洞。这些窗洞室外开口小，而室内开口大，比例奇特，靠外墙部分装有彩色玻璃。当光线透过屋顶与墙面之间的缝隙和镶着彩色玻璃的大大小小的窗洞投射下来时，会产生非常奇特的光线效果，一种宗教神圣感油然而生。

朗香教堂是第二次世界大战以后，勒·柯布西耶设计的一件最引人注意的作品，它代表了设计者创作风格的转变，被称作宗教建筑背离古典风格的第一次革命。教堂建成之时，即获得了世界建筑界的广泛赞誉。它以其富有表现力的雕塑感和独特的形式使建筑界为之震惊，表现了勒·柯布西耶后期对建筑艺术的独特理解、娴熟的驾驭体形的技艺和对光的高超处理能力。图15-17所示为朗香教堂内部。

图15-17　朗香教堂内部

三、密斯·凡·德罗

密斯·凡·德罗出生于德国亚琛小镇。他没有受过正式的建筑学教育，年少时曾跟随父亲学习石工技术。21岁时，密斯·凡·德罗设计了第一件作品，以其娴熟的处理手法引起著名建筑师贝伦斯的注意。1908年进入贝伦斯建筑事务所任职。1919年他开始在柏林从事建筑设计，1930—1933年任包豪斯设计学院校长。1937年，他移居美国，1938—1958年任芝加哥阿莫尔理工学院（后改名为伊利诺理工学院）建筑系主任。

密斯·凡·德罗坚持"少就是多"的建筑设计哲学，在处理手法上主张流动空间的新概念。他的设计作品中各个细部精简到不可精简的绝对境界，不少作品结构几乎完全暴露，但却给人一种高贵、雅致的感受。他所创造出的简洁、明快而精确的建筑形式处理手法，成功地将建筑技术和艺术统一起来。

他的代表作品有巴塞罗那博览会德国馆、范斯沃斯住宅、伊利诺理工学院克朗楼、纽约西格拉姆大厦、西柏林新国家美术馆等。

（一）巴塞罗那博览会德国馆

巴塞罗那博览会德国馆（图15-18）是密斯·凡德罗的流动空间概念的主要代表作之一，建成于1929年。博览会结束后该馆也随之拆除，其存在时间不足半年，但产生了持续的重大的影响。密斯·凡·德罗认为，当代博览会不应再具有富丽堂皇和竞市角逐功能的设计思想，应该跨进文化领域的哲学园地，建筑本身就是展品的主体。

巴塞罗那博览会德国馆建立在一个基座之上，主厅有8根用来承重的十字形断面的钢柱，上面是薄薄的一片屋顶。大理石和玻璃构成的墙板也是简单光洁的薄片，它们纵横交错，布置灵活，形成既分割又连通，既简单又复杂的空间序列；室内、室外也互相穿插贯通，没有截然的分界，形成奇妙的流通空间。它突破了传统砖石承重结构必然造成的封闭的、孤立的室内空间形式，变成了一种开放的、连绵不断的空间划分方式，如图15-19所示。

巴塞罗那博览会德国馆室内布置着几处桌椅，这些椅子是密斯·凡·德罗亲自设计的，被称为"巴塞罗那椅"。除此之外，再无其他陈设品。建筑的形体处理得也十分简单，一切都简单明了、干净利落，给人以清新明快的印象。整个建筑没有附加的雕刻装饰，但对建筑

图15-18　巴塞罗那博览会德国馆

图15-19　巴塞罗那博览会德国馆内部

材料的颜色、纹理、质地的选择十分精细，搭配异常考究，比例推敲精当，使整个建筑物显出高贵、雅致、生动、鲜亮的品质，向人们展示了历史上前所未有的建筑艺术质量。

巴塞罗那博览会德国馆在建筑空间划分和建筑形式处理上创造了成功的新经验，充分体现了密斯·凡·德罗"少就是多"的思想，是现代主义建筑最初成果之一。

（二）范斯沃斯住宅

范斯沃斯住宅是密斯·凡·德罗在1945年为美国单身女医师范斯沃斯设计的一栋住宅，于1950年落成，如图15-20所示。住宅坐落在伊利诺伊州普兰诺南部的福克斯河右岸，房子四周是一片平坦的牧野，夹杂着丛生茂密的树林。

该住宅由平台、屋顶、地面三个水平板块组成，造型类似于一个架空的、四边透明的盒子。其平面为长方形，由8根工字形钢柱作为支撑骨架，插入地面。同时为了避免河水泛滥淹没住宅，底层进行了架空处理，高约1.6米，给整个建筑营造出了一种独特的漂浮感和空间的流动感。建筑四周由玻璃环绕，呈现一种极致的通透。在门廊前有一个过渡平台，使入口处理别具趣味。

室内中央有个长条形的服务核心，包括卫生间和管道井等，其他再无固定的分隔。起居室、卧室、餐厅、厨房都在一个畅通的大空间中，仅以家具分隔。住宅袒露于外部的钢结构均被漆成白色，与周围的树木草坪相映成趣。玻璃围合而成的开敞性空间使身处室内的人仿佛置身于自然环境中，是名副其实的"看得见风景的房间"。

范斯沃斯住宅是密斯·凡·德罗建筑美学思想的一部分，体现了他对建筑结构与空间追求极简表达的愿望。建筑落成后，其超前的设计理念和实验性的特征在当时引起了极大的争议。通透的玻璃面，使得室内的温度冬冷夏热，而且主人的隐私也在玻璃后面被一览无遗，连著名的建筑师赖特也评价它是"不人性的"。作为住宅使用者的范斯沃斯与建筑师密斯·凡·德罗的关系也因此而恶化，两人甚至对簿公堂。

范斯沃斯住宅简单到无以复加，将密斯·凡德罗"少就是多"的原则体现得极为清晰。这个建筑虽然功能并不完美，造价和维护费用高昂，但它标志着现代主义建筑向国际主义风格的转折，也是密斯·凡·德罗将"全面空间"思想应用于住宅建筑上的一个创举。

图15-20 范斯沃斯住宅

四、赖特

赖特于1867年出生在美国的威斯康星州农业小镇里奇兰森特。他在大学时攻读土木工程，后来转而从事建筑。1887年，他前往芝加哥从事建筑活动，曾在当时芝加哥学派建筑师沙利文等人的建筑事务所中工作过。1893年，赖特建立自己的工作室，开始独立创业。赖特对现代建筑有很大的影响，但他个性而独特的建筑思想和欧洲新建筑运动代表人物的思想大有不同。

赖特从小就生长在威斯康星峡谷的大自然环境之中。他认为住宅不仅要合理安排卧室、起居室、餐橱等空间，使之便利于日常生活，而且更重要的是增强家庭的内聚力。他的这一认识使他在新的住宅设计中将火炉置于住宅的核心位置，使其成为必不可少但又十分自然的场所。赖特的观念和方法深深地影响到了他的建筑。

赖特进军建筑行业时，正是美国工业蓬勃发展，城市人口急剧膨胀，现代摩天大楼应运而生的时期。但他本人对现代大城市持批判态度，对建筑工业化也不感兴趣，于是很少设计大城市里的摩天楼，他一生中设计最多的建筑类型是别墅和小住宅。

在建筑艺术方面，赖特比其他建筑师更早地解决了盒子式建筑的空间问题。他的建筑空间灵活多样，既有内、外空间的交融流通，同时又具备安静隐蔽的特色。他既运用新材料和新结构，又始终重视和发挥传统建筑材料的优点，并善于将两者结合起来。他在建筑生涯中一直都在积极探索和提倡有机建筑，同自然环境的紧密融合是他的建筑作品的最大特色。

赖特的一生非常勤奋，前后完成了1 000余项建筑设计，其中有500多个建筑建成。他的主要代表作品有罗比住宅、东京帝国饭店、流水别墅、约翰逊蜡烛公司总部、西塔里埃森住宅、古根海姆美术馆等。

（一）罗比住宅

罗比住宅位于芝加哥南部，坐落在芝加哥大学校园内，建于1908—1910年。其是赖特在橡树园工作室设计的最后一栋住宅，被认为是他设计的最具代表性的草原式住宅，如图15-21所示。

所谓草原式住宅，是指1900年前后，赖特在美国中西部的威斯康新州、伊利诺州和密歇根州等地设计的许多小住宅和别墅。这些住宅大都属于中产阶级，坐落在郊外，用地宽阔，环境优美。使用的建筑材料是传统的砖、木和石头。在这类建筑中赖特逐渐形成了一些独具特色的建筑处理手法。在布局、形体、取材

图15-21 罗比住宅

上，特别注意同周围自然环境的配合。其平面常呈十字形，内部以壁炉为中心。建筑外观高低错落，坡屋顶悬挑很远，形成以横线条为主的构图。这种住宅既具有美国建筑的传统风格，又突破了传统建筑的封闭性，很适合于美国中西部草原地带的气候和地广人稀的特点，因此被称为"草原式住宅"。

罗比住宅的平面是由两个交错的长方形所构成。南侧长方形里涵盖了主要的生活空间，北侧长方形里则多为服务功能空间。主卧室、起居室、游戏室和台球室等主要功能空间都以壁炉为中心，伸展融入周围的环境之中，垂直向的烟道则贯穿一层到三层。一楼的台球室和游戏室直接面对南侧的封闭花园，二层的起居空间则可以直接通过12扇落地平开门走至南向的阳台。

罗比住宅的娱乐室、门厅和车库等公共场所主要布置在第一层，避开居住场所，避免了相互间的影响；二楼布置有厨房、客房和仆人的房间，方便服务；三楼是主人的居住场所，私密性强，使其生活不被打扰。主入口在背街处，避免建筑内部与嘈杂的外部环境接触，保证了建筑的私密性，同时从狭小的入口空间进到宽阔的内部空间，给人一种豁然开朗的空间体验。

建筑表皮使用暖色系的砖石材料，使之与环境相融合。从西立面上看，建筑层层展开，向上伸展，使整个建筑充满生机与活力。整个南立面的水平线条连续不断，有统一形式和大小的窗户，节奏感很强。建筑的屋顶向两侧延伸，超出了建筑物的轮廓，展现连绵的壮丽。另外，长而薄的砖块，配合阳台和屋顶的粗长水平线条，使建筑的整体感得到加强。该建筑拥有174扇图案美丽、色彩绚丽的玻璃门窗，在增加采光增强通风效果的同时，还营造了别具一格的优雅氛围。

总之，罗比住宅是赖特的得意之作。在他手上，小住宅和别墅这些历史悠久的建筑类型变得愈加丰富多彩，他把这些建筑类型提到了一个新的水平。

（二）流水别墅

1934年，德裔富商考夫曼邀请赖特在宾夕法尼亚州匹兹堡市东南郊的熊跑溪附近设计一座周末度假别墅。赖特经过实地考察，看中一处山石起伏、林木繁茂的风景点，这里一条小溪从岩石上跌落而下形成小瀑布，赖特别出心裁地将别墅建造在小瀑布上方，如图15-22所示。

流水别墅建于1936年，共三层，面积约380平方米。整体以二层的起居室为中心，其余房间向左右铺展开来，外形强调块体组合，使建筑带有明显的雕塑感。楼层高低错落，每一层都如同一个钢筋混凝土的托盘，支承在墙和柱墩之上，一边与山石连结，另外几边悬伸在空中。各层托盘大小和形状都不相同，向不同方向延伸，最后融入周围的山林环境。

图15-22 流水别墅

整个建筑的构思非常大胆，运用了冲突与对比的手法。平滑方正的大阳台与纵向的粗石砌成的厚墙穿插交错，宛如蒙德里安的抽象绘画作品，在复杂微妙的变化中达到一种诗意的视觉平衡。别墅的室内也保持了天然野趣，一些被保留下来的岩石好像是从地面下破土而出，成为壁炉前的天然装饰。其在材料的使用上也非常具有象征性。所有的支柱都是粗犷的岩石。石的水平性与支柱的直性，产生一种明显的对抗，所有混凝土的水平构件，看起来犹如巨大的翅膀的羽翼，飞腾跃起赋予了建筑最高的动感与张力。

流水别墅在内部空间的处理上也堪称典范。室内空间自由延伸，相互穿插；内外空间互相交融，浑然一体。别墅建筑在溪水之上，与流水、山石、树木自然地结合在一起，运用几何构图，在空间的处理、体量的组合及与环境的组合上均取得了极大的成功，为有机建筑理论作了确切的注释，在现代建筑历史上占有重要地位。

第三节　第二次世界大战后欧美建筑活动

一、发展概况

第二次世界大战结束于1945年。战争对各国的建筑都造成了极大的破坏。在战后的重建过程中，各个国家都大力发展经济，带动了建筑业的迅猛发展。因为各国的政治制度、经济条件和文化传统的不同，所以，战后各国各地区的建筑发展极为不平衡，建筑活动与建筑思潮也很不一致。

在战后最初的二三十年中，现代主义建筑在欧洲重建和经济恢复时期发挥了重要作用，成为社会上占主导地位的建筑思潮。同时，随着社会经济的迅速恢复和增长，工业技术的日新月异，社会财富的增长，人们对建筑内容和质量的要求也越来越高。于是现代主义建筑也开始产生分化，形成了名目繁多的流派和思潮。第二代和第三代建筑师开始走上历史舞台，第一代建筑师的思想和志趣也随着时间而发生了转变。

从20世纪50年代开始，欧美各国先后出现了各种不同的把满足人们的物质要求与感情需要结合起来的设计倾向。总结起来，可以分为以下七种：对理性主义进行充实与提高的倾向；讲求技术精美的倾向；粗野主义的倾向；典雅主义的倾向；注重高度工业技术的倾向；追求人情化与地域性的倾向；追求个性与象征的倾向。

（一）对理性主义进行充实与提高的倾向

理性主义是指形成于两次世界大战之间的以格罗皮乌斯及其包豪斯学派和以勒·柯布西耶等人为代表的欧洲的现代建筑。战后对理性主义进行充实与提高是相当普遍的思潮。其特点是坚持理性主义的设计原则与方法，并对它的缺点与不足作一些充实与提高，特别是讲究功能与技术合理的同时，注意结合环境与服务对象的生活需要。其中的代表作有格罗皮乌斯设计的哈佛大学的研究生中心，荷兰建筑师凡·艾克设计的阿姆斯特丹的儿童之家等。

（二）讲求技术精美的倾向

讲求技术精美的倾向是战后20世纪40年代末至20世纪50年代下半期占主导地位的设计倾向。它最先流行于美国，以密斯·凡·德罗为代表的纯净、透明与施工精确的钢和玻璃方盒子作为这一倾向的代表。纽约的西格拉姆大厦、伊利诺工学院的克朗楼和西柏林新国家美术馆是密斯·凡·德罗在战后讲求技术精美的主要代表作。小沙里宁设计的通用汽车技术中心是另一著名代表作。

（三）粗野主义的倾向

粗野主义是20世纪50年代下半期到20世纪60年代兴起的建筑设计倾向。其特点是毛糙的混凝土、沉重的构件以及相互间的直接组合。粗野主义的代表作有勒·柯布西耶设计的马赛公寓、昌迪加尔法院，英国的史密森夫妇设计的谢菲尔德大学的设计方案，英国斯特林和戈文设计的兰根姆住宅，美国鲁道夫设计的耶鲁大学建筑与艺术系大楼群等。

（四）典雅主义的倾向

典雅主义在发展上是同粗野主义齐头并进的，但在艺术效果上却与之相反的一种倾向，主要流行于美国。其特点是运用传统的美学法则来使现代的材料与结构产生规整、端庄与典雅的庄严感。典雅主义的代表作有约翰逊设计的谢尔屯艺术纪念馆，斯东设计的美国驻新德里大使馆和1958年布鲁塞尔世界博览会的美国馆。

（五）注重高度工业技术的倾向

注重高度工业技术的倾向在20世纪60年代最为活跃。它是指那些不仅在建筑中坚持采用新技术，而且在美学上极力鼓吹表现新技术的倾向。其特点是主张用最新的材料，如高强钢、硬铝、塑料和各种化学制品来制造体量轻、用料少，能够快速、灵活地装配、拆卸和改建的结构与房屋。在设计上强调系统与参数设计。在其倾向中最流行的是采用玻璃幕墙。最为著名的代表作是1976年在巴黎建成的蓬皮杜国家艺术与文化中心，设计者是建筑师皮阿诺和罗杰斯。

（六）追求人情化与地域性的倾向

这种倾向是战后现代建筑中较注重人性化的一个流派，最先活跃于北欧，著名代表人物是芬兰建筑师阿尔瓦·阿尔托。他在第二次世界大战前的维堡市立图书馆与帕米欧肺病疗养院设计中，已表现出少许地方性的倾向。这种倾向的原则是肯定建筑除满足生活功能外，还应满足心理感情需要。其具体表现为传统的砖、木等材料与新材料、新结构并用，并且着意把新技术、新结构处理得柔和多样；在建筑造型上，常用曲线和波浪形；在空间布局上讲究层次与变化；在建筑体量上强调人体尺度，反对庞大尺度，提倡化整为零。比较有名的代表作有阿尔瓦·阿尔托设计的珊纳特赛罗镇中心的主楼、卡雷住宅等。

（七）追求个性与象征的倾向

该思潮活跃于20世纪50年代末至20世纪60年代，其观点和人情化与地方性的倾向一样，是对现代主义建筑在建筑风格上千篇一律和追求客观的共性的一种反抗。该种倾向主张要使每一房屋与每一场地都要具有不同于他人的个性与特征，在建筑形式上变化多样，大致有运用几何形构图、运用抽象的象征和运用具体的象征等三种手法。其代表作有赖特设计的古根汉姆博物馆、普顿斯大楼，贝聿铭设计的华盛顿国家美术馆东馆，夏隆设计的柏林爱乐音乐厅，路易斯·康设计的理查医学研究楼，小沙里宁设计的纽约肯尼迪航空港的环球航空公司候机楼等。

1972年，美国密苏里州圣路易斯市区的普鲁帝·艾戈公寓被政府使用定向爆破的方式拆毁，标志着现代主义建筑风格的结束。多元化的后现代建筑开始掀起高潮，欧美建筑从此进入到一个新的时代。

二、世界最高建筑变迁史

建筑不仅是人们居住工作的空间，更是人类智慧的结晶。人类开展建筑活动的历史很古老也很复杂，一座座形态各异的建筑是人类一步步迈向现代和文明的印证。随着时代的发展和科技的进步，建筑的外观在不断完善，科技含量在不断增加，而最基本的高度也在逐步提高。高耸入云的建筑凝聚着人类科技进步的伟大成果，寄托着人类追求发展的一种理想。通过追溯世界最高建筑的发展历程，可以为我们呈现一部高度浓缩的人类建筑文明发展史。

（一）埃及胡夫金字塔

胡夫金字塔是古代埃及第四王朝第二个国王胡夫的陵墓，位于埃及尼罗河下游左岸的吉萨，它是吉萨金字塔群（图15-23）中的三大金字塔之一。其建于公元前2690年左右，原高146.5米，但经过了数千年的风雨侵蚀，顶端已剥落，现在高度为137米。该金字塔底座每边长230多米，三角面斜度52度，塔底面积为5.3万平方米；塔身由230万块石头砌成，每块石头平均重2.5吨，有的重达几十吨。胡夫金字塔建成后，不仅成为埃及的最高建筑，同时也开始了长达4 000年统治世界最高建筑排行榜的辉煌历史。

（二）英国林肯大教堂

林肯大教堂（图15-24）位于英格兰东部林肯市，坐落于一处石灰岩高地上，居高临下，俯视全城。它属于哥特式建筑，采用砖、石、拱及木屋架结构，被誉为整个欧洲规模最大同时也最为宏伟的教堂之一。

该教堂始建于11世纪，历时几个世纪才完成建造。林肯大教堂凭借14世纪建造的高达160米的铅包尖顶，一跃成为世界最高建筑，直到1549年尖顶倒塌才丧失这一头衔。

图15-23 吉萨金字塔群

图15-24 林肯大教堂

（三）德国科隆大教堂

科隆大教堂是位于德国科隆的一座天主教主教座堂，是科隆市的标志性建筑物。它始建于1248年，工程时断时续，至1880年才由德皇威廉一世宣告完工，耗时632年，堪称世界之最。科隆大教堂集宏伟与细腻于一身，它被誉为哥特式教堂建筑中最完美的典范。其塔高为157.3米，相当于现代建筑的45层楼高，于1880年登上世界最高建筑宝座，如图15-25所示。

图15-25 科隆大教堂

（四）美国华盛顿纪念碑

华盛顿纪念碑（图15-26）是为了纪念美国首任总统乔治·华盛顿而建造的。它位于华盛顿市中心，在国会大厦、林肯纪念堂的轴线上，是一座大理石方尖碑。其于1848年开工建设，后因南北战争爆发而停建。1876年，纪念碑开始继续建造，至1885年全面建成。

华盛顿纪念碑呈正方形、外形仿照古代埃及方尖碑。其底部宽为22.4米、高为169米。纪念碑内有50层铁梯，也有70秒到顶端的高速电梯，游客登顶后可以通过小窗眺望华盛顿全城景色。纪念碑内墙镶嵌着188块由私人、团体及全球各地捐赠的纪念石，其中一块刻有中文的纪念石是当时中国的清政府赠送的。

图15-26 华盛顿纪念碑

图15-27 埃菲尔铁塔

（五）法国埃菲尔铁塔

埃菲尔铁塔（图15-27）是位于法国巴黎战神广场上的一座镂空结构的铁塔，于1889年建成，高300米（不含天线）。1884年，为了迎接世界博览会在巴黎举行和纪念法国大革命100周年，法国政府决定修建一座永久性纪念建筑。埃菲尔铁塔得名于设计它的桥梁工程师居斯塔夫·埃菲尔。铁塔共有三层，每层有一个平台，在铁塔塔顶可以观赏巴黎全城迷人的景色。

（六）美国克莱斯勒大厦

图15-28 克莱斯勒大厦

克莱斯勒大厦（图15-28）坐落在美国纽约曼哈顿东部。这座大厦建于1926—1930年，高度为320米，总共77层。大厦是由建筑师威廉·凡·艾伦为克莱斯勒汽车制造公司所设计的。

克莱斯勒大厦是美国装饰艺术建筑设计的巅峰之作，它是全球第一栋将不锈钢建材运用在外观的建筑。大楼顶端的酷似太阳光束的设计，灵感来自当时一款克莱斯勒汽车的冷却器盖子。以汽车轮胎为构想，五排不锈钢的拱形往上逐渐缩小，每排拱形镶嵌三角窗，呈锯齿状的排列，高耸的尖塔与顶部，成为这栋不朽建筑的焦点。克莱斯勒大厦在1931年帝国大厦完工前曾保持了11个月全世界最高建筑的纪录。

（七）美国帝国大厦

图15-29 帝国大厦

帝国大厦（图15-29）位于美国纽约曼哈顿第五大道350号、西33街与西34街之间。它是一栋超高层的现代化办公大楼，和自由女神像一起被称为纽约的标志。帝国大厦于1930年动工，1931年落成，前后只用了410天，它的名字来源于纽约州的别称（帝国州）。

帝国大厦为装饰艺术风格建筑，共有102层，地上建筑高381米，1951年安装的天线使它的高度上升至443.5米。自1931年以来，雄踞世界最高建筑的宝座达40年之久，直到1971年才被世界贸易中心大楼超过。

（八）美国世界贸易中心大楼

世界贸易中心大楼（图15-30）位于美国纽约曼哈顿岛西南端，建于1962—1976年，占地6.5公顷，由两座110层塔式摩天楼和四幢办公楼及一座旅馆组成。两座塔楼平面为正方形，边长为63米，分别高417米（北塔）和415米（南塔），北塔楼顶上装有电视塔，南塔顶部开放，供人登高观览。中心内共有企业约1 200家，员工5万多名。

图15-30　世界贸易中心大楼

世界贸易中心大楼的主楼采用钢框架套筒体系，用钢7万8千吨，外墙承重，且由密集的钢柱组成，具有强大的抵抗水平荷载的能力。墙面由铝板和玻璃窗组成，有"世界之窗"之称。世贸中心双塔的建成打破了帝国大厦保持了40年之久的世界最高建筑纪录，它曾在整个纽约市总体环境中占据着统领地位，可以说是纽约市的象征，也是繁盛时期美国的象征。

2001年9月11日，被恐怖分子劫持的两架飞机先后撞向世界贸易中心的两座塔楼，由于撞击引起大火，两座塔楼在两个小时内相继倒塌，共有2 979人因此丧生，如图15-31所示。2002年，一个新的世界贸易中心建筑群在世界贸易中心遗址上动工建设。

图15-31　"9·11"事件中的世界贸易中心大楼

（九）美国西尔斯大厦

西尔斯大厦位于美国伊利诺伊州芝加哥市，1974年建成，现名苇莱集团大厦，如图15-32所示。大厦总建筑面积41.8万平方米，底部平面为68.7米×68.7米，有110层，高443米。建筑造型犹如9个高低不一的方形空心筒子集束在一起，挺拔利索，简洁稳定。不同方向的立面形态各不相同，突破了一般高层建筑呆板对称的造型手法。

西尔斯大厦在1974年落成后，超越了纽约的世界贸易中心双塔，成为当时世界上最高的摩天大楼。

图15-32　西尔斯大厦

（十）马来西亚石油双塔

马来西亚石油双塔（图15-33）是首都吉隆坡的标志性城市景观之一。其建于1993—1998年，由美国建筑设计师西萨·佩里所设计，整座大楼的格局采用传统回教建筑常见的几何造型，包含了四方形和圆形，大楼表面大量使用了不锈钢与玻璃等材质。

整座建筑物由两个独立的塔楼和相连接的裙房组成，双塔高为452米，地上共88层，由马来西亚国家石油公司斥巨资建造。它的高度打破了美国芝加哥西尔斯大楼保持了22年的世界最高建筑记录。

该建筑最引人注目的是在两座主楼的41楼和42楼有一座长58.4米、距地面170米高的空中天桥，用于连接和稳固两栋大楼，并方便楼与楼之间的人员来往。它也是世界上最高的过街天桥，站在桥上，可以俯瞰马来西亚最繁华的景象。

（十一）中国台北101大楼

台北101大楼（图15-34）位于中国台湾省台北市信义区，由建筑师李祖原设计。该楼融合东方古典文化及台湾本土特色，造型宛若劲竹，节节高升、柔韧有余。它是台湾经济发展的重要指标之一，也是台北市标志性建筑之一。

中国台北101大楼建于1998—2003年，占地面积为153万平方米，高为508米，其中包含一座101层高的办公塔楼及6层的商业裙楼和5层地下楼面，每八层楼为一个结构单元，彼此接续、层层相叠，构筑整体。这座大楼的第101层，面积只有3.3平方米，需转乘两次电梯才能抵达。

中国台北101大楼竣工后拿下了世界高楼四项指标中的三项世界之最，即"最高建筑物"（508米）"最高使用楼层"（438米）和"最高屋顶高度"（448米）。

图15-33　马来西亚石油双塔

图15-34　中国台北101大楼

（十二）阿拉伯联合酋长国迪拜塔

迪拜塔，楼高828米，楼层总数为162层，是目前世界第一高楼与人工构造物。迪拜塔始建于2004年，于当地时间2010年1月4日晚宣告正式落成，并更名为哈利法塔，如图15-35所示。哈利法为"伊斯兰世界最高领袖"之意，同时也是历史上阿拉伯帝国统治者的称号。打造世界第一高楼的计划是使迪拜市及国家提升国际知名度的重要方式之一。

该建筑由美国建筑师阿德里安·史密斯设计，为伊斯兰教建筑风格。迪拜塔的楼面为"Y"字形，并由三个建筑部分逐渐连贯成一核心体，从沙漠上升，以上螺旋的模式，减少大楼的剖面使它更加直往天际，至顶上，中央核心逐转化成尖塔，Y字形的楼面也使得楼内有较大的视野享受。

该建筑总造价超过15亿美元，修建总共动用了33万立方米混凝土、6.2万吨强化钢筋以及14.2万平方米玻璃，超过4 000名工人和100台起重机参与了该项目的修建。建筑

图15-35 哈利法塔

物内建有56部升降机，平均升降速度在每秒17.5米左右，从第一层去到最高层，只需要50秒不到。由于该建筑物的高度穿越了数个气候层，底层的温度和上层的温度相差约10度，堪称是人类建筑史上的奇迹。

总之，迪拜塔是人类建筑的一个新高度，也代表了人类经济、科技发展的一个新的里程碑。

思考题

1. 简述现代主义建筑所具有的特点。
2. 范斯沃斯住宅和流水别墅分别受到业主什么样的评价，你怎样评价这两个建筑？

课后拓展

人类的摩天大楼为什么越建越高？你认为世界第一高楼在高度上有没有极限？

扫码查看更多图片

参考文献 References

［1］李宏．中外建筑史［M］．北京：中国建筑工业出版社，1997．

［2］梁思成．中国建筑史［M］．天津：百花文艺出版社，1998．

［3］王受之．世界现代建筑史［M］．北京：中国建筑工业出版社，1999．

［4］潘谷西．中国建筑史［M］．4版．北京：中国建筑工业出版社，2001．

［5］邹德侬．中国建筑史图说：现代卷［M］．北京：中国建筑工业出版社，2001．

［6］罗小未．外国近现代建筑史［M］．2版．北京：中国建筑工业出版社，2004．

［7］陈平．外国建筑史：从远古至19世纪［M］．南京：东南大学出版社，2006．

［8］陈志华．外国建筑史（19世纪末叶以前）［M］．北京：中国建筑工业出版社，2010．

［9］刘淑婷．中外建筑史［M］．北京：中国建筑工业出版社，2010．

［10］林泰碧，陈兴．中外园林史［M］．四川美术出版社，2012．

［11］陈捷，张昕．中外建筑简史［M］．北京：中国青年出版社，2014．

［12］贾珺．建筑史［M］．北京：清华大学出版社，2015．